ulmer

Simone Detto | Doris Grappendorf

DIE WILDEN 9

Unsere wirksamsten Heilpflanzen sammeln und nutzen

Mein ganzjähriger Wildkräuter-kurs

Alles über Beifuß, Brennnessel, Holunder, Johanniskraut, Löwenzahn, Schafgarbe, Spitzwegerich, Thymian und Weißdorn

INHALT

VORWORT 5

BEIFUSS 11
Pflanzensteckbrief 12
Frühjahr 13
Sommer 15
Herbst 23

BRENNNESSEL 27
Pflanzensteckbrief 28
Frühjahr 29
Sommer 38
Herbst 45

HOLUNDER 49
Pflanzensteckbrief 50
Frühjahr 51
Sommer 57
Herbst 59

JOHANNISKRAUT 67
Pflanzensteckbrief 68
Frühjahr 69
Sommer 70
Herbst 82

LÖWENZAHN 85
Pflanzensteckbrief 86
Frühjahr 87
Sommer 96
Herbst 99

SCHAFGARBE 103
Pflanzensteckbrief 104
Frühjahr 105
Sommer 108
Herbst 118

SPITZWEGERICH ... 123
Pflanzensteckbrief 124
Frühjahr 125
Sommer 126
Herbst 136

THYMIAN 139
Pflanzensteckbrief 140
Frühjahr 141
Sommer 142
Herbst 154

WEISSDORN 157
Pflanzensteckbrief 158
Frühjahr 159
Sommer 168
Herbst 168

NACHWORT 173

SERVICE 178
Zum Weiterlesen 178
Register 180
Dank 186
Die Autorinnen 187
Bildquellen 188

VORWORT

Schon immer wollte ich mich in einem Buch ganz den wichtigen Heilpflanzen widmen, die direkt an unserer Haustür wachsen. Nun ist es so weit – das Buch liegt vor Ihnen. Neun wilde Pflanzen lassen uns nicht nur an ihrer äußerlichen Schönheit teilhaben, sondern zeigen uns auch ihre inneren Fähigkeiten. Warum gerade neun, werden Sie fragen. In der Zahlenmystik hat die Neun einen besonderen Platz. Sie ist eine heilige Zahl und steht für Vollkommenheit. Früher wurden Kräuterbündel aus neun Pflanzen gebunden, man kennt die Neunkräutersuppe, die gegen allerlei Krankheiten hilft, und in Notzeiten, wie bei Seuchen oder Kriegen, wurden Notfeuer aus neunerlei Hölzern entzündet.

DAS NEUNKRÄUTERBUCH

Ich habe die neun Kräuter im gesamten Jahreskreis begleitet und beobachtet. Mein Wunsch ist, Sie mitzunehmen auf meinen Kräuterwanderungen. Sie auf den Moment aufmerksam zu machen, wenn im zeitigen Frühjahr die jungen Pflanzen aus der Erde kommen und keine Blüten oder großen Blätter haben, an denen sie einfach zu erkennen sind. Anders als im Sommer, wenn manche dieser Kräuter uns mit hübschen Blüten betören und das Bestimmen einfacher ist. Was mache ich aber nun mit den neun Kräutern zur jeweiligen Jahreszeit? Das alles erkläre ich Ihnen in meinem Buch.

Als Kind verbrachte ich viel Zeit auf dem Bauernhof meiner Großeltern. Sie arbeiteten von früh bis spät auf dem Feld und haben danach noch die Tiere des Hofes versorgt. Mein Vater half seinen Eltern stets und ich wurde dadurch früh an ein Leben im Rhythmus der Natur gewöhnt. Sobald es hell wurde, erwachte das lebendige Treiben und mit dem Sonnenuntergang legte sich Ruhe über den Hof und seine Bewohner. Mein Vater, der die Natur sehr achtete und verehrte, zeigte mir von klein auf, was sie an Besonderheiten zu bieten hat. Von ihm lernte ich die Sprache der Tiere und er war es, der mir vom Wesen der Baumriesen erzählte, die den Hof wie einen Schutzwall umgaben. Direkt hinter dem Hof begann der Wald mit seinen Pflanzen. Ich erinnere mich an frühlingshafte Wälder, die wir mit einem

Sammelkorb und unseren Hunden Hasso und Seppel durchstreiften. Ich war zu klein, um heute noch zu wissen, welche Pflanzen wir sammelten. Aber auf diesen Wanderungen wurde in mir der Keim für die Liebe zur Natur gelegt.

In der kalten Jahreszeit brühte meine Großmutter aus den gesammelten Kräutern Tee und behandelte kleine und größere Wehwehchen bei Mensch und Tier mit den Kräften der heilenden Pflanzen. Schon sehr früh konnte ich erleben, was unsere Heilkräuter, richtig angewendet, für großartige Leistungen vollbringen. Sicherlich hatten meine Großeltern ihr Wissen von ihren Vorfahren und auch sie durften erleben, dass Heilpflanzen fast Unglaubliches bewirken können. All das, was wir heute infrage stellen oder bewiesen haben möchten, verstand ich als ganz normal.

Als meine Großeltern starben, war ich eine junge Frau und gründete gerade meine eigene Familie. Irgendwie hatte ich den Faden zur Natur verloren. Doch ein Artikel über eine Kräuterfrau ließ mich aufhorchen und stellte die Verbindung wieder her. Und so lernte ich Doris Grappendorf kennen, meine erste Kräuterlehrerin.

IM BANN DER KRÄUTERKUNDE

Nach meiner Ausbildung in Phytotherapie bei Doris ließ mich die Kräuterkunde nicht mehr los. Wie magisch erinnerte ich mich an so viele Dinge, die ich als Kind erlebt und von meinem Vater und meiner Großmutter gelernt hatte. Es kam mir vor, als würde eine Schicht von mir abbröckeln und ein alter Schatz zum Vorschein kommen. Ich erweiterte mein Wissen, lernte bei erfahrenen Kräuterkundigen in den Bergen und las in alten Büchern. Das alte Wissen hatte es mir dabei besonders angetan und ich fragte mich immer: „Woher wussten unsere Vorfahren vor vielen Jahrhunderten so gut über die Heilpflanzen Bescheid? Woher stammt das große Wissen?"

So erlernte ich die Signaturenlehre und beschäftigte mich mit der Astromedizin und der Elementenlehre, den Grundpfeilern unserer abendländischen Heilkunde. Ich bildete mich im Räuchern weiter, erlebte, wie man Medizin aus Tierfetten herstellt, spezialisierte mich auf die Astromedizin – und noch immer habe ich nicht ausgelernt. Die Frage nach dem Woher treibt mich bis heute um.

Sehr schnell war für mich klar, dass ich mein Wissen in meiner eigenen Schule weitergeben möchte. Mein Wunsch war es immer, dass Menschen

sich einlassen auf die Natur, ihr achtsam und respektvoll folgen und wieder mehr Verantwortung für sich und ihre Gesundheit übernehmen. So gründete ich vor fast einem Viertel Jahrhundert meine eigene Natur- und Kräuterschule.

DIE IDEE ZU DIESEM BUCH

Während all der Jahre habe ich stets mit großem Respekt zu meiner ersten Lehrerin und heutigen Freundin Doris aufgeschaut. Sie hat es geschafft, meine Seele wieder für die Natur zu öffnen, und mich in die Grundlagen der modernen Kräuterheilkunde eingeführt. Irgendwann bot sie eine Neun-Jahres-Ausbildung an. Hinter dieser Ausbildung stand die Idee, sich in jedem Jahr mit einer einzigen Heilpflanze zu beschäftigen. Früher, so heißt es, ging man neun Jahre bei einer Kräuterfrau in die Lehre. Nun könnte man denken: Was für eine lange Zeit! Aber weit gefehlt. In jedem Jahr lernte man nur eine Pflanze kennen und beschäftigte sich mit ihr das gesamte Jahr hindurch. So sah man die Pflanze im Frühling bei den ersten Sonnenstrahlen aus dem noch kalten Boden treiben, konnte erleben, wie sie erblüht und reift und sich zum Herbst hin ins Erdreich zurückzieht, um ihre Kräfte für das kommende Jahr zu bündeln. So lernte man ganz in Ruhe diese eine Pflanze im gesamten Jahreskreis kennen. Diese Idee fand ich faszinierend. Heute in unserer schnelllebigen Zeit möchten wir möglichst alle Pflanzen in kürzester Zeit sicher bestimmen und anwenden können. Aber das ist unmöglich. Man muss eigene Erfahrungen machen, sich auf die Pflanzen einlassen und von ihnen lernen. Sie zeigen uns so viel, wenn man sich nur Zeit nimmt, alle ihre Geheimnisse zu ergründen.

Diese Idee der Neun-Jahres-Ausbildung nahm ich dankend in meiner Schule auf und die Nachfragen nach diesen Kursen ist groß. Der Wunsch, neun wichtige Pflanzen, die eigentlich jeder kennt, zu erforschen und zu erleben, welch große Kraft in ihnen steckt, ist ungemein lebendig.

Dann wurde Doris sehr krank. Über viele Jahre hinweg konnte sie nicht arbeiten. Ich hatte so viel von ihr gelernt und wollte, dass der Gedanke der Neun-Jahres-Ausbildung weiterlebt und dass wir noch mehr Menschen von den Kräutern und ihren Möglichkeiten begeistern. So erwachte die Idee, die von Doris in viel Arbeit zusammengestellten Lehrunterlagen als Grundlage für ein Kräuterbuch zu nutzen. Deshalb stehen heute unsere beiden Namen auf dem Umschlag und es ist mir eine Ehre, so ein schönes Projekt mit Doris zusammen zum Leben erweckt zu haben.

Mit den „wilden Neun“ möchte ich Sie auf einer Kräuterwanderung in Buchform begrüßen. Auch wenn wir uns nicht von Angesicht zu Angesicht kennen lernen, möchte ich Ihnen zeigen, was unsere Neun Wilden alles können und dass sie in jeder Jahreszeit besondere Seiten haben. Ich habe versucht, alle Facetten der Neun Wilden zu beschreiben, und hoffe, dass Sie einige der Rezepte umsetzen und ausprobieren. Anhand der wunderbaren Fotos können Sie nachverfolgen, wie die Pflanze zum jeweiligen Zeitpunkt aussieht. Betrachten Sie die Feinheiten der Kräuter direkt auf der Wiese und lassen Sie sich ein auf die Natur. Kommen Sie mit auf eine Wanderung, auf die Reise durch das Jahr mit den Neun Wilden.

Herzlich,

Ihre
Simone Detto

Harzrand, im Herbst 2022

BEIFUSS

Traditionell bereitet man zur Weihnachtszeit in vielen Gegenden einen Gänsebraten. Da darf der Beifuß nicht fehlen, so liest man es in Kochbüchern. Doch dass sich hinter diesem Würzkraut eine mächtige Heilpflanze verbirgt, ist leider in Vergessenheit geraten. Schon im angelsächsischen Neunkräutersegen aus dem 9. Jahrhundert hat der Beifuß einen herausragenden Platz. Er wird dort als Kraut gegen allerlei Krankheiten und Ansteckung gepriesen. Es heißt:

„Erinnerst Du Dich, Beifuß, was Du verkündest?
Was Du anordnest in feierlicher Kundgebung?
Una heißt Du, das älteste der Kräuter
Du hast Macht gegen drei und gegen dreißig
Du hast Macht gegen Gift und Ansteckung
Du hast Macht gegen das Übel,
das über das Land dahinfährt …“

Heute ist kaum mehr vorstellbar, dass man einst den Beifuß „die Mutter aller Heilpflanzen“ nannte und Kräuterfrauen aller Zeiten ihm als heilende und magische Pflanze hohe Wertschätzung und sogar Ehrfurcht entgegenbrachten. Um ein wenig von dieser Kraft des Beifußes in unserer Erinnerung zurückzubringen, möchte ich Sie mitnehmen auf eine Wanderung zum Beifuß im Jahreskreis.

Name: Der wissenschaftliche Name des Beifußes lautet *Artemisia vulgaris*. Der Name *Artemis* könnte auf eine heilkundige Gemahlin eines Königs deuten, aber auch auf die Mondgöttin Artemis, die im nordischen Raum mit der Göttin Diana vergleichbar ist. *Vulgaris* ist lateinisch und bedeutet so viel wie gewöhnlich oder alltäglich.

Pflanzenfamilie: Korbblütengewächse (Asteraceae)

Volksnamen: Dianakraut, Gänsekraut, Hexenkraut, Jungferngürtel, Mugwurz, Sonnenwendkraut, Weiberkraut, Wilder Wermut.

Erkennen: Der Beifuß ist eine winterharte Staude, die 150–200 cm groß werden kann. Er hat einen aufrechten, kantigen Stängel, der oft rötlich-braun gefärbt ist. Aus dem festen Stängel entspringen viele Seitenästchen, die sich nach oben hin wieder verzweigen. Seine dunkelgrünen Blätter sind doppelt gefiedert und laufen nach oben spitz zu. Schaut man auf die Unterseite der Blätter, entdeckt man einen mattgrünen, silbrigen Farbton mit hellem Filz. Erst im Sommer, Ende Juli, Anfang August, beginnt der Beifuß zu blühen. Seine unscheinbaren eiförmigen Blütenköpfchen mit matt gelben oder rötlichen Einzelblüten sind ähren- oder traubenartig angeordnet. Ein Beifuß produziert circa 700 000 winzig kleine Samen im Jahr. Der Beifuß wächst gern an Wegesrändern, Schutthalden, Kiesgruben oder Bahndämmen. Er ist eine Pionierpflanze, also ein relativ anspruchsloser Erstbesiedler offener, vegetationsloser Böden. Er liebt sonnige Standorte und bleibt gerne, wo er sich einmal angesiedelt hat.

Verwechsler: Der Beifuß kann verwechselt werden mit seinem großen Bruder, dem Wermut (*Artemisia absinthium*), dessen Blätter aber ober- und unterseits weißsilbrig sind.

Sammeln: Alle Pflanzenteile des Beifußes sind essbar. Die jungen zarten Blättchen können im Frühjahr als Küchenkraut verwendet werden, zur Blütezeit im Sommer erntet man die blühende Pflanze als Gewürzkraut oder für gesundheitliche Zubereitungen und die Wurzel wird im Herbst geerntet.

Anwenden: Trotz seiner großen Heilkraft wird dem Beifuß heute in der Pflanzenmedizin keine große Bedeutung mehr zugemessen.

Die Kommission E, eine wissenschaftliche Sachverständigenkommission, die pflanzliche Heilmittel untersucht, hat ihm eine negative Monografie erstellt. Das bedeutet, dass er Nebenwirkungen nach sich ziehen kann und von einer Anwendung abgeraten wird. Doch bis auf selten vorkommende Allergien auf die ätherischen Öle des Beifußes sind keine Nebenwirkungen bekannt. In der Schwangerschaft sollte er jedoch nicht eingenommen werden, da die ätherischen Öle die Geburt auslösen könnten. Eine Anwendung des Beifußes ist also keinesfalls gefährlich, die Bewertung der Kommission E muss Sie daher nicht beunruhigen. Wägen Sie selbst ab, ob Sie den Beifuß innerlich nutzen wollen.

FRÜHJAHR

Im Frühjahr schiebt der Beifuß neben den trockenen Pflanzenresten des letzten Sommers seine ersten Blätter aus der winterharten Staudenwurzel hervor. Schon die jungen Blättchen schmecken recht aromatisch und eignen sich deshalb gut für Salate, Smoothies oder als Gewürz in Suppen oder Kartoffelgerichten. Aus den jungen Blättern des Beifußes, den gelben Blüten des Löwenzahns und etwas Salz stelle ich gerne eine würzige Kräuterbutter her.

> Diesen **Frischkäsedip** mag ich, um die frischen Kräfte und den Geschmack zu nutzen: Zu 250 g Frischkäse gebe ich je ½ Handvoll junge Blättchen von Beifuß, Giersch und Knoblauchsrauke. Ich wasche die Kräuter, schneide sie klein und rühre sie mit etwas Zitronensaft, Salz und Pfeffer nach Geschmack unter den Frischkäse.

So ganz nebenbei versorgen die jungen Beifußblättchen unseren Körper mit wichtigen Mineralstoffen wie Kalzium, Kalium, Phosphor und Eisen. Sie enthalten zusätzlich Vitamin A, einige B-Vitamine und Vitamin C. Da auch die anderen Kräuter wahre Vitalstoffbomben sind, ist dieser Dip sehr gesund und versorgt unseren Körper mit wichtigen Mineralstoffen, Spurenelementen und Vitaminen.

Der Beifuß ist eine Entgiftungspflanze, die Sie schon im Frühling nutzen können. Er wirkt blutreinigend und kreislaufanregend. Seine Haupterntezeit ist jedoch der Sommer, wenn er sich in seiner vollen Schönheit zeigt.

SOMMER

Bei meinen Wanderungen begegne ich dem Beifuß immer wieder. Er wächst häufig am Wegesrand und auf Schuttflächen. Uns Menschen begleitet er sogar in Städten, „bei Fuß“ wächst er, direkt zu unseren Füßen, und so kann man ihn gut beim Wachsen beobachten. Anfänglich zeigen sich seine Triebspitzen am Boden, doch rasch schieben sich kräftige Stängel empor, deren sattgrüne dreilappige, unterseits silbrig schimmernde Blätter hübsch anzusehen sind. Er wächst rasch zu einer stattlichen Staude heran, die einerseits durchscheinend wirkt, aber dennoch kraftvoll. Sein fester Stängel zeigt sich oft rötlich überzogen und ist äußerst widerstandsfähig. Aus ihm entspringen im weiteren Verlauf des Sommers viele Seitenästchen, die sich wieder verzweigen.

Doch obwohl er kaum zu übersehen ist, kennen ihn nur wenige, denn er macht nicht mit hübschen Blüten auf sich aufmerksam. Wenn ich ihn so betrachte, bekomme ich den Eindruck, dass er trotz seiner Größe etwas Zartes, Lichtes hat und in seinem silbrig-grünen Kleid fast schon ätherisch schimmert.

Die Menschen längst vergangener Zeiten feierten den Jahreskreis mit seinen Sonnen- und Mondfesten. Zum Fest der Sommersonnenwende am 21. Juni ehrte man die Kräfte der Sonne und des Feuers mit ihren lebensspendenden Energien. Bei solchen Sonnenfesten spielten immer auch Rituale mit Heilpflanzen eine wichtige Rolle. So banden sich die Frauen aus dem just zu dieser Zeit erblühenden Beifuß eine Art Gürtel und sprangen mit ihm über das Feuer. Danach warfen sie den Beifußgürtel in die Flammen und verbrannten so symbolisch Krankheiten und alles Unheil.

Schaut man sich zu Sommerbeginn den Beifuß näher an, entdeckt man, wie sich die Knospen der Staude aufzurollen beginnen, wie sie langsam erwachen. Die jungen Knospen sind aromatisch, aber noch nicht intensiv bitter. Es lohnt sich, sie zu ernten und weiterzuverarbeiten. Die Beifußblüten können Sie frisch oder getrocknet als gesundes, wohlschmeckendes Gewürz an Suppen und Saucen geben.

In einem **Beifußsalz** entfachen die Blüten ihr wohltuendes Aroma. Solch ein Salz wirkt verdauungsfördernd und ist rasch gemacht. Dazu sammeln Sie junge Beifußblüten und mörsern sie klein geschnitten mit der gleichen Menge Steinsalz. Auf einem mit Backpapier belegten Backblech streichen Sie die Masse aus und lassen sie über Nacht trocknen. Wenn die Masse getrocknet ist, mörsern Sie die Salzmischung noch einmal, bis alles ganz fein ist. Dunkel verpackt kann das Salz mindestens 1 Jahr gelagert werden.

Wenn die Sonne im Jahresverlauf an Kraft gewinnt, bilden sich in Pflanzen zunehmend mehr Bitterstoffe und ätherische Öle. Diese Kombination aus bitter und aromatisch nennt man in der Pflanzenheilkunde Amara aromatica. *Amara* bedeutet bitter, *aromatica* bezieht sich auf das Aroma, die ätherischen Öle. Pflanzen mit dieser Wirkstoffkombination regen den Stoffwechsel an und bringen die Verdauungssäfte zum Fließen. Sobald ein bitteres Kraut unseren Gaumen berührt, produzieren unsere Speicheldrüsen mehr Speichel und so beginnt der Verdauungsprozess bereits im Mund optimal. Der Magen- und auch der Gallensaft sowie die gesamten Verdauungsprozesse werden angeregt. Durch die Bitterstoffe in Kombination mit den ätherischen Ölen (hier sind es Cineol, Kampher und Linalool) wirkt der Beifuß fäulnishemmend und reinigend auf den Darm. Durch seine erwärmenden Eigenschaften regt er das Verdauungsfeuer so richtig an und hilft nach einem fetten Essen.
Auch bei schwer verdaulichen Speisen oder Magendruck bietet der Beifuß alles für einen gesunden Verdauungsprozess. Bitterstoffpflanzen bringen Wohlbefinden in den Magen-Darm-Trakt, vermindern Blähungen und regen die Hormondrüsen an. Sie wecken unsere Lebensgeister. Deshalb wurden sie in allen Hochkulturen geschätzt und schon in alten Zeiten von Schamanen und Heilern genutzt. Der Beifuß gehört in die Gruppe dieser Pflanzenhelfer. Diese beiden Stoffgruppen, die ätherischen Öle und die Bitterstoffe, sind wichtig für eine gute Verdauung. Sie wirken antibakteriell und pilzfeindlich und zugleich wecken sie unsere Hormone.

Im Hochsommer ist aus dem Beifuß eine stattliche Pflanze geworden. Wie ein unscheinbarer Riese steht er oftmals unentdeckt auf Schuttflächen und vegetationslosen Böden. Seine mattgelben bis rötlich-braunen Blüten sind leicht zu übersehen. Doch wenn man sie zwischen den Fingern reibt, entströmt ihnen ein aromatischer Duft und man ahnt, was in ihm steckt. Nun ist die Zeit gekommen, den Beifuß für verschiedene Anwendungen zu trocknen und zu verarbeiten. Die unteren Stängelabschnitte sind meist verholzt und hart. Sammeln Sie die oberen Sprossabschnitte mitsamt Blättern und Blüten. Sie werden als Strauß zusammengebunden und kopfüber zum Trockenen aufgehängt. Nach einiger Zeit kann der trockene Stängel abgerebelt werden.

> Für einen **Beifußtee** geben Sie ½–1 TL frisches oder getrocknetes Beifußkraut in eine Tasse und übergießen mit heißem Wasser. Den Tee lassen Sie für 10 Minuten abgedeckt ziehen, so können die ätherischen Öle nicht verfliegen. Der Tee mit seinen kraftvollen Bitterstoffen wird nicht gesüßt, sonst hebt man deren Wirkung auf.

Der Beifuß hat einige bekannte Geschwister. Neben der Eberraute, heute als Cola-Kraut bekannt, kennt man seinen großen Bruder, den Wermut, der bei Magen- und Verdauungsbeschwerden angewendet wird. Er ist im Wuchs zwar kleiner als der Beifuß, aber dafür sehr bitter und sollte daher nur sehr sanft dosiert werden. Oft braucht unser Körper diese starken Pflanzenstoffe gar nicht. Man weiß nämlich heute, dass zu hoch dosierte Bitterstoffe die Verdauungsprozesse sogar verlangsamen und damit das Gegenteil des Erwünschten bewirken können. Ratsamer ist es also, den Wermut stehen zu lassen und auf den sanfteren Beifuß zurückzugreifen, zumal Letzterer fast überall vor unserer Haustür wächst. Nicht umsonst haben unsere Vorfahren ihn die „Mutter aller Heilpflanzen" genannt. Sein Anwendungsspektrum war sicherlich viel größer, als wir es heute kennen und nutzen.

Hildegard von Bingen beschreibt die Wirkung des Beifußes in ihrer „Physica" bei Verdauungsproblemen so: „... sein Saft ist sehr nützlich und als Mus gegessen ... heilt er kranke Eingeweide und wärmt den kranken Magen ..."

Wie wir heute wissen, hilft er bei Appetitlosigkeit, Übelkeit, Magen-Darm-Störungen und bei Magenverstimmungen. In akuten Phasen trinken Sie 3 Tassen pro Tag oder nehmen zusätzlich eine Beifußtinktur ein.

Solch eine **Beifußtinktur** ist einfach angesetzt. Sie benötigen etwa 1 Handvoll blühendes Beifußkraut. Ich schneide das Kraut sehr klein und gebe es halbhoch in ein helles Glas. Nun fülle ich das Glas bis zum Rand mit 40%igem Alkohol auf, stelle es für 3–4 Wochen an einen hellen warmen Ort und schüttle täglich. Danach filtere ich den Ansatz ab und fülle in dunkle Fläschchen ab. Bei Bedarf nehmen Sie davon 3-mal täglich 10–15 Tropfen in etwas Wasser ein.

Auch für Leber und Galle ist der Beifuß ein probates Mittel. Bei Leberschwäche, die oft mit Müdigkeit einhergeht, und bei Kopfschmerzen, die durch Magen-Darm-Störungen verursacht werden, rate ich zu täglich 3 Tassen Beifußtee für 3 Wochen.

Der Beifuß beeinflusst die Verdauungsdrüsen, den Gallefluss, die Schweißbildung sowie andere Entgiftungswege. Um die Verdauung anzuregen, hilft auch ein kleiner Bittertropfen. Es muss nicht immer nur Tee sein. Vor dem Essen ein Likörgläschen davon öffnet die Verdauungswege. Nach einer Mahlzeit oder einem fetten Essen genossen tut er dem überlasteten Magen gut.

> Ich verwende gerne folgendes Rezept für einen **Beifuß-Magenbitter**. Dazu gebe ich 4–5 frische Beifußstängel, 1 TL angestoßene Fenchelsamen und ein kleines Stück Ingwer in eine Flasche mit 0,75 Liter Korn oder Wodka. Mit etwas Kandiszucker oder einer kleinen Menge Honig stelle ich die Mischung für 4 Wochen an einen hellen, warmen Ort. Nach dem Abfiltern können Sie den Magenbitter vor oder nach den Mahlzeiten genießen.

Blättern wir doch noch einmal in der alten Literatur. Dioskurides, ein griechischer Arzt, berichtete bereits im ersten Jahrhundert nach Christus über die Wirkung des Beifußes. Er beschreibt ihn als Pflanze für „müde Wanderer" und gegen „giftiges Getier und Teufel".

In der volksheilkundlichen Frauenheilkunde wird er schon lange als Universalmittel gehandelt. Durch seine menstruationsfördernden und krampflösenden Eigenschaften reguliert er den weiblichen Zyklus. Der Beifuß regt über die Hypophyse und die Keimdrüsen den Eisprung an und fördert somit die Regelblutung. Bei zu schwacher oder ausbleibender Regelblutung oder wenn nach längerer Pilleneinnahme der Zyklus eingeschlafen ist, helfen auch hier Teekuren, die über einen längeren Zeitraum angewendet werden. Wenn die Blutung ausbleibt, ohne dass eine Schwangerschaft der Grund ist, kann man mit diesem Tee die Regelblutung unterstützen. Täglich 3 Tassen davon über einen längeren Zeitraum getrunken können den Zyklus wieder in Gang setzen und normalisieren. In der Schwangerschaft oder bei zu starker Regelblutung darf der Beifuß jedoch nicht angewendet werden!

Durch seine wärmenden Kräfte kommt der Beifuß heute in **Fußbäder**, die den ganzen Körper durchwärmen und so indirekt bei Blasen- oder Unterleibsentzündungen helfen. Bei Reizblase, schwacher Blase, Kopfschmerzen, beginnender Migräne, nach langen Wanderungen oder bei Frösteln werden sie ebenso angewendet. 2 Handvoll frischer oder getrockneter Beifuß werden mit 1–2 Litern Wasser in einen Topf gegeben, kurz aufgekocht und abgefiltert einem Fußbad zugegeben. Bei Blasenentzündung nutzt man zur äußerlichen Wärme die harntreibende Wirkung des Beifußtees.

Schon die Kelten kannten den Beifuß, den sie Mugwurz nannten. Das keltische *miegele* bedeutet so viel wie wärmen oder kräftigen und entsprechend verwendeten sie ihn als kraftspendende und erwärmende Pflanze. Doch der Beifuß begleitet uns Menschen schon viel länger. Blütenstaubfunde aus einem Neandertalergrab im Irak zeigen, dass man ihn, wie auch die Schafgarbe, schon vor 60 000 Jahren nutzte. Wozu genau er damals diente, darüber können wir nur spekulieren.
Hebammen nutzten traditionell die Kraft des Beifußes in der Geburtshilfe. Wohl nicht umsonst trägt er den wissenschaftlichen Namen *Artemisia*, genau wie die Göttin Artemis, die Geburtshelferin und die Beschützerin der Gebärenden, die Hüterin der Frauen und Kinder. Beifußextrakte können nach Überschreitung des Geburtstermins den Muttermund leichter öffnen. Sie regen die Wehen an, erleichtern den Geburtsverlauf und fördern die Nachgeburt. Solche Anwendungen gehören unbedingt in die Hände erfahrener Hebammen. Sie wissen sehr genau, wie der Beifuß wirkt, und können seine Kräfte einschätzen.
Bei Entzündungen im Genitalbereich der Frau können Beifußtee oder Beifußtinktur unterstützend eingenommen werden. Beifußtee hilft Frauen mit Endometriose und auch bei Zellveränderungen am Muttermund hat er sich bewährt. Hier trinkt man 6 Wochen lang den Tee aus dem Beifußkraut und wärmt zusätzlich indirekt den Unterleib mit Beifußfußbädern. Allerdings sollten Sie eine solche Anwendung vorher stets mit Ihrem Arzt oder Heilpraktiker abklären.
Weiterhin kann eine Mischung aus Frauenmantel, Schafgarbe und Ackerschachtelhalm, zu gleichen Teilen gemischt, als Tee getrunken werden. Auch bei Verklebungen oder Verwachsungen der weiblichen Organe und bei Gebärmuttersenkung unterstützt Beifuß das Wohlbefinden. Zusätzlich erwärmen Sitz- oder Dampfbäder den Unterbauch und helfen, die verkrampfte Muskulatur zu entspannen.

In der alten Astromedizin wird der Beifuß dem Planeten Venus und dem Mond unterstellt. Venusbetonte Pflanzen spielten in der Frauenheilkunde und speziell für die Fruchtbarkeit eine große Rolle. Man kannte zu dieser Zeit noch keine Inhaltsstoffe, so wie wir heute. Trotzdem hat sich an der Anwendung wenig verändert. So ist überliefert, dass es in einigen Bergregionen bei jungen Frauen Brauch war, im inneren Taillenbereich ihrer Tracht einen Beifußzweig zu tragen, um für eine gute Frauengesundheit und Fruchtbarkeit zu sorgen. Er erwärmte die Unterleibsorgane der jungen Frauen und sorgte so für eine gute Durchblutung.

Leiden Frauen in den Wechseljahren unter häufigem Schwitzen, sollte auf den Beifuß verzichtet werden. Sind solche hitzigen Zeiten vorbei, kann man in der zweiten Lebenshälfte den Beifuß als Teemischung mit anderen Kräutern, zum Beispiel Damiana (*Turnera diffusa*), einer Frauenpflanze aus Mittelamerika, trinken, um die Liebe und die Lust anzuregen.

> Für einen **Liebestee** wird Beifuß und Damiana zu gleichen Teilen gemischt. 1 TL davon mit 1 Tasse kochendem Wasser übergießen und 2-mal täglich für 4–6 Wochen trinken.

Durch seine Wirkung auf die Hirnanhangsdrüse unterstützt der Beifuß die Schilddrüsenfunktion, besonders bei Unterfunktion der Schilddrüse. Die ausgleichende Wirkung auf die Schilddrüse erreicht man am besten durch die Gabe von Tee. Von diesem trinkt man 3 Wochen lang täglich 3 Tassen. Auch eine Beifußtinktur (3-mal täglich etwa 10–15 Tropfen über 3 Wochen eingenommen) wirkt ausgleichend. Bei Menschen mit Schilddrüsenüberfunktion ist dagegen Vorsicht geboten. Sie sollten den Beifuß nicht kurmäßig anwenden, denn er könnte die Schilddrüsenfunktion noch weiter anfeuern. Bei autoimmunen Schilddrüsenerkrankungen kann die ausgleichende Wirkung wiederum hilfreich sein. Sprechen Sie bitte vor der Anwendung mit ihrem Arzt oder Heilpraktiker.

Grundsätzlich ist der Beifuß eine Pflanze, die die Frau in allen Lebensbereichen unterstützt, sei es auf körperlicher oder auf feinstofflicher Ebene. So steht der Beifuß auch für Lebensübergänge. Er erleichtert die Geburt und ist zugleich eine Pflanze für das Sterben. Bei diesem Loslassprozess hilft er der Seele, den Körper zu verlassen. Ich selbst durfte eine traurige, aber dennoch tröstliche Erfahrung mit dem Beifuß machen, als meine Uroma starb. Eine wunderbare alte Dame von fast 95 Jahren, die körperlich schon sehr gebrechlich war. Als sie ihren letzten Atemzug getan hatte,

waren meine Familie und ich untröstlich. Ich fragte die Anwesenden, ob ich den Raum mit Beifuß ausräuchern dürfe. „Ja, natürlich", war die Antwort, obwohl niemand wusste, was genau ich da vorhatte. Ich holte also meine Räucherschale, entzündete ein Stück Räucherkohle und streute für das Ausräuchern des Sterbezimmers den getrockneten Beifuß darauf. Nachdem ich mit einer Feder den Rauch in alle Richtungen und in jede Ecke des Raums verteilt hatte, öffnete ich das Fenster des Zimmers. Als sich unsere Familie kurz danach wieder dort versammelte, stellte sich eine ganz andere, tröstliche Atmosphäre ein. Wir waren alle sehr erstaunt, was der Beifuß für uns und meine Uroma vollbracht hatte.
Besonders geeignet zum Räuchern sind die aromatischen Beifußknospen. Wenn Sie diese nun, da die unteren Beifußblätter bereits braun werden, noch nicht geerntet haben, wird es höchste Zeit. Der Beifuß ist eine unserer wichtigsten Räucherpflanzen. Wir verwenden ihn zum Ausräuchern von Häusern, Kranken- und Sterbezimmern sowie von Ställen. Als eine der wichtigsten Schutz- und Zauberpflanzen verräucherten ihn schon die Kelten und Germanen. Auch beim Räuchern zeigt er seine ungeheure Kraft und hilft uns, mit anderen Welten in Verbindung zu treten. Die Mutter aller Heilpflanzen scheint im Rauch die Wirkungen vieler in sich zu vereinen und kann zahllose unterschiedliche Bereiche abdecken. So hat er auch in der schamanischen Arbeit einen festen Platz. Er könne Unmögliches mög-

lich machen, heißt es. Als schutzmagische Pflanze über Haustüren und in Ställe gehängt schützt er vor Dämonen und bösen Blicken.
Getrocknete Pflanzenteile werden auf glühenden Kohlen verräuchert oder man schneidet die großen Stängel klein und bindet sie mit einem Faden zu Räucherzigarren.

> Diese Zigarren verwendet man auch für **Beifußräucherungen**. Die getrockneten Bündel legt man nicht auf glühende Räucherkohlen, sie glimmen nachdem Entzünden einfach vor sich hin. Beifußräucherungen wirken schützend, reinigend, entspannend, segnend, loslassend, krampflösend und erwärmen die Seele. In Computerräumen hilft eine Räucherung beim Abbau negativer Spannungen.

Schwangere und Allergiker sollten jedoch mit den Räucherungen vorsichtig sein. Der Beifuß wirkt stark allergieauslösend und sollte, besonders zu Beginn der Schwangerschaft, auch als Räucherpflanze nicht angewendet werden.
In der traditionellen chinesischen Medizin (TCM) wird mit dem Beifuß gemoxt. Der Rauch von glühenden Moxazigarren wirkt über Akkupunkturpunkte tief ins Innere des Körpers. Dort erwärmt er das Gewebe, bringt alles zum Fließen und so kann Heilung einsetzen. Solche Moxatherapien werden bei Schmerzen am Bewegungsapparat, bei Magen-Darm-Beschwerden, bei Frauenleiden und psychischen Problemen wie Schlafstörungen und Unruhezuständen angewendet.
Der Beifuß ist eine mächtige Heilpflanze. Man könnte behaupten, er trägt die Urkraft vieler Heilkräuter in sich, und ihm wird nachgesagt, dass er sogar dort Hilfe brachte, wo Heilung nicht mehr möglich war.

HERBST

Trifft man den Beifuß im Herbst am Wegesrand, ist aus der großen lichten Staude eine braun-graue verwelkte Pflanze geworden. Die oberirdischen Pflanzenteile sind trocken und zurückgezogen. Nun stecken die wertvollen Inhaltsstoffe im Wurzelreich. Die Wurzel des Beifußes besteht aus einer oder mehreren Hauptwurzeln und vielen kleinen Seitenwurzeln, die mit Wurzelhaaren überzogen sind. Im Frühjahr zieht sie damit die Nährstoffe aus dem Boden, um wieder neu auszutreiben.

Die Beifußwurzeln werden bei verschiedenen Beschwerden angewendet. Die Ernte beginnt im Herbst, wenn die oberirdischen Teile der Pflanze mit dem Rückzug beginnen. Grundsätzlich können Sie die Wurzeln bis ins Frühjahr graben, wenn die Pflanze wieder neu austreibt. Allerdings gestaltet sich das Ernten dann manchmal etwas schwierig, da Verwechslungen möglich sind. Im Herbst lässt sich an den trockenen Pflanzenteilen meist noch genau erkennen, um welche Pflanze es sich handelt. Da in der Natur auch giftige Pflanzen wachsen, könnte eine Verwechslung tragisch enden. Deshalb halte ich es wie die Alten und ernte meine Beifußwurzeln nur von der Herbst-Tagundnachtgleiche bis zu Samhain. Ab Samhain, dem alten Fest, dass wir heute unter dem Namen Halloween kennen, gehört die Erde den Naturwesenheiten, und die wollen im Winter zur Ruhe kommen.

Früher nutzte man zum Graben kein Eisenwerkzeug, man wollte die Mutter Erde auf keinen Fall verletzen. Die Kräuterkundigen ernteten die Wurzeln mit Geweihen oder festen Holzstöcken. Das ist recht mühsam und daher nutze ich eine gute Grabegabel.

Nachdem Sie die Wurzel aus der Erde gehoben haben, waschen Sie sie gründlich unter fließendem Wasser und befreien sie, wenn nötig, mit einer kleinen Bürste vom Schmutz.

Stellen Sie aus der Wurzel doch ein **Wurzelpulver** her. Dazu schneiden Sie sie klein und trocknen sie, indem Sie die Wurzelstücke auf ein Leinenstück in die Herbstsonne legen. In der Nacht sollten Sie sie ins Haus holen, da sie sonst zu viel Feuchtigkeit aufnehmen würden. Sie können die Wurzeln aber auch unter sanfter Wärme auf einem Öfchen oder Heizkörper trocknen. Die getrockneten Wurzeln verpacken Sie oder verarbeiten sie im Mörser zu Wurzelpulver weiter. Wurzelpulver oder Wurzelstücke können Sie auch beim Kräuterhändler oder in Apotheken erwerben. Bitte geben Sie acht, das Wurzelpulver wirkt stärker als ein Tee.

Die Beifußwurzel hilft auch bei seelischen Problemen. Bei Unruhezuständen und Reizbarkeit nehmen Sie 3-mal täglich 1 Messerspitze des Pulvers auf ein Glas Wasser oder auch auf ein Butterbrot gestreut ein. Die in der Wurzel befindlichen Bitterstoffe helfen bei Schwächezuständen nach Erkrankungen oder allgemeiner Natur ebenso wie bei Depressionen und Angstzuständen. Für diesen Zweck trinken Sie 3 Tassen Wurzeltee am Tag über 4–6 Wochen oder nehmen regelmäßig das Wurzelpulver ein. Bei Schlaflosigkeit hilft 1 Wurzeltee am Abend.

Für einen **Wurzeltee** koche ich 1 TL der frischen oder getrockneten Wurzel mit ¼ Liter kaltem Wasser in einem Topf auf. Danach lasse ich ihn bei sanfter Hitze für 10 Minuten ziehen. Nach dem Abgießen trinke ich am Abend 1 Tasse von dem Tee.

Zusätzlich kann ein **Kräuterkissen**, gefüllt mit getrocknetem Beifuß, Lavendel und Kamille auf dem Nachttischchen oder Kopfkissen beim Einschlafen helfen. Aber denken Sie daran: Schwangere müssen unbedingt auf den Beifuß verzichten!

Die Wurzeln des Beifußes ebenso wie das Kraut können, in Öl eingelegt, als wärmendes und pflegendes **Fußöl** hilfreich sein. Für die Zubereitung die Wurzel nach dem Graben gut waschen, säubern und etwas antrocknen. Danach legen Sie sie etwa halbhoch in ein gutes Bio-Öl ein.

Solche wärmenden Öle sind zur Fußpflege, als Massagen für einen verspannten Rücken oder für den Bauch geeignet.
Der Beifuß hält im Jahreskreis eine Fülle von guten Eigenschaften für uns bereit. Besonders wenn es an Wärme fehlt, ist er kraftvoll.

BRENNNESSEL

Manchmal muss man sich auf ein brennendes Abenteuer einlassen! Vielleicht ist dieses Kraut deshalb eine meiner Lieblingspflanzen. Aufrecht, schlank und sehr symmetrisch geordnet steht sie da, mit fast perfekt gezahnten Blatträndern – und gibt sich äußerst bissig. Jeder von uns hat sicher schon Erfahrungen mit ihr gemacht und kennt die Spuren, die sie auf der Haut hinterlässt. Sie brennt und sticht, verursacht rote Pusteln oder Quaddeln und beschert uns einen hellen Schmerz, der einige Stunden anhalten kann. Doch bei all dem ist es eine wertvolle Heilpflanze, die da so kraftvoll und wehrhaft auf sich aufmerksam macht.

„Brennessel, verkanntes Kräutlein, Dich muß ich preisen,
Dein herrlich Grün in bester Form baut Eisen,
Kalk, Kali, Phosphor, alle hohen Werte …“

Dr. Heinrich Hoffmann (1809–1894)

Nach altem Glauben ist die Brennnessel eine Zauberpflanze. Ich glaube, die Alten hatten recht. Sie ist eine Alleskönnerin, die viel Grünkraft besitzt. Es ist ein großes Glück, dass sie überall vor unserer Haustür wächst und keine giftigen Doppelgänger hat. Doch lesen Sie selbst. Darf ich vorstellen: Ihre Majestät die Brennnessel.

PFLANZENSTECKBRIEF

Name: Der wissenschaftliche Name der Brennnessel ist *Urtica dioica*. *Urtica* leitet sich vom lateinischen *urere* – Brennen ab, *dioica* setzt sich zusammen aus *di* – zwei und *oikos* – Haus. Es weist darauf hin, dass die Brennnessel zweihäusig ist, auf einer Pflanze also entweder nur männliche oder nur weibliche Blüten zu finden sind. Im Namen steckt aber noch viel mehr: Nessel deutet auf Nähen, Netz, Nestel und dergleichen hin und verweist auf ihre Geschichte als Faserpflanze. Alte Aufzeichnungen aus der Zeit um 800 n. Chr. beweisen ihren hohen Stellenwert etwa bei der Herstellung von Garnen, Stricken oder Nesselstoffen.
Pflanzenfamilie: Brennnesselgewächse (Urticaceae)
Volksnamen: Brandnessel, Brenndistel, Brennende Liebe, Gichtrute, Jucknessel, Futternessel, Haarwurz, Milchdistel, Samennessel, Stechmamsell oder Teufelskraut.
Erkennen: Die wehrhafte Brennnessel hat einen vierkantigen Stängel mit grob gesägten, fast länglichen Blättern, die kreuzgegenständig am Stängel sitzen. Sie kann eine stattliche Größe von bis zu 150 cm erreichen. Ihre dunkelgrünen Blätter sind mit besonderen Haaren, den Brennhaaren besetzt. Die unscheinbaren Blüten bilden hängende Blütenrispen. Die Brennnessel kommt fast überall auf der ganzen Welt vor.
Verwechsler: Die Brennnessel kann verwechselt werden mit der Kleinen Brennnessel (*Urtica urens*), auch Eiternessel genannt. Sie ist kleiner, brennt aber noch heftiger. In der heilenden Wirkung ist sie ihrer großen Schwester jedoch ebenbürtig.
Sammeln: Von März bis zum Sommer können die Blätter der Brennnessel geerntet werden. Die Samen reifen nach der Blüte im Hochsommer. Wenn sie sich braun verfärben, sind sie reif und bereit zur Ernte. Die Wurzel oder besser gesagt das Rhizom der Brennnessel erntet man im Herbst.
Anwenden: Von der Kommission E gibt es eine Empfehlung, die Brennnesselblätter und das Kraut innerlich zur Durchspülungstherapie bei entzündlichen Erkrankungen der ableitenden Harnwege und zur Vorbeugung bei Nierengrieß anzuwenden. Äußerlich empfiehlt sie die Brennnessel zur unterstützenden Behandlung bei rheumatischen Beschwerden. Zur Brennnesselwurzel rät die Kommission E im Fall von Störungen der Blasenentleerung bei Prostata-Adenom.

FRÜHJAHR

Wenn im Frühjahr der Schnee schmilzt und die Sonnenstrahlen die Erde erwärmen, ist die Brennnessel eine der ersten Pflanzen, die an Mauervorsprüngen oder anderen geschützten Plätzen der Natur ihr Grün zeigt. Voller Freude betrachte ich bei meinen Kräuterwanderungen, wie sehr sich ihre Färbung im Jahresverlauf wandeln kann. Jetzt zeigt sich der junge Spross in einem kräftigen Lila-Rot, um einige Zeit später in ein prachtvolles Grün überzugehen.

Gerade zu dieser Zeit besitzen die jungen Brennnesseln besondere Heilkräfte. Schon sehr früh beobachteten unsere Vorfahren den Himmel und stellten Bezüge zu unserem Leben auf der Erde her. Das Himmelszelt und die Position der Planeten, der Mondstand und die Jahreskreisfeste waren nicht nur für Aussaat und Ernte von Bedeutung. Auch die Heilkunde hing

von ihnen ab. Im Monat März, benannt nach dem Planeten Mars, können wir aus der Brennnessel eine besondere Medizin herstellen, die die Kräfte des kämpferischen roten Himmelskörpers in sich birgt. Nur in dieser Zeit, wenn auch die Brennnessel ihre rötliche Färbung zeigt, sammeln wir sie für unsere Seelenmedizin.

Die Rede ist von einer **Stärkungstinktur**: Sammeln Sie einige junge Brennnesselblätter und schneiden Sie diese so klein wie möglich. Geben Sie die Blätter in ein helles Glas mit Schraubverschluss und übergießen Sie das Kraut mit mindestens 38%igem Alkohol (zum Beispiel Korn). Nun wird das Glas für mindestens 4 Wochen (gerne einen Mondzyklus lang) an einen warmen Ort gestellt und täglich sanft geschüttelt. Nach dieser Zeit filtern Sie durch ein feines Teesieb oder einen ungebleichten Kaffeefilter und füllen die Tinktur in dunkle Tropfflaschen ab. Menschen, die sich nicht wehren können oder sich ein dickeres Fell zulegen wollen, nehmen 3-mal täglich 1 Tropfen für etwa 3 Wochen ein.

Versuchen Sie es! Sie werden überrascht sein, was die Brennnessel auf der Seelenebene bewirken kann. Die Signatur der Pflanze, alles das, was sie uns nach außen zeigt, schrieb man der inneren Wirkung zu und in diesem Sinne nutzte man das Kraut zur Heilung. Auf die Frage, ob ich nicht eine Pflanze kenne, die Menschen helfen kann, ihr Selbstbewusstsein wiederzufinden oder Willenskraft und Durchsetzungsvermögen zu stärken, fällt mir sofort die Brennnessel ein. Welche andere Pflanze signalisiert uns so deutlich, wie man wehrhaft sein und Grenzen setzen kann, auch wenn man noch so klein und jung ist?
Die jungen Brennnesselblättchen sind neben Vogelmiere (*Stellaria media*) und einigen anderen Wildkräutern die ersten wilden Grünen, die wir in der Natur entdecken können. Ich mag die frischen grünen Energiebomben und freue mich in jedem Jahr erneut darauf. Dann kann ich es kaum erwarten, dass die Zeit endlich beginnt und ich meinem Körper vitalstoffreiche und zugleich leckere Smoothies anbieten kann. Wenn man bedenkt, dass die Brennnessel 25-mal mehr Vitamin C besitzt als ein Kopfsalat und 6-mal mehr als Zitronen, hat man eine Vorstellung davon, wie hochwertig diese Smoothies oder andere Wildkräutergerichte sind.

> Für meinen **Frühlingssmoothie** gebe ich 1 Banane (oder 1 Apfel oder ½ Avocado), 1 große Handvoll Brennnesseln (auch gerne andere junge Wildpflanzen wie Giersch, Gänseblümchen, Löwenzahn, Vogelmiere) und etwas Bio-Apfelsaft oder Wasser in einen Mixbecher. Ich püriere alles gut und trinke vormittags ein großes Glas davon. Zusätzlich gebe ich 1 TL Chiasamen hinzu. Das hält lange satt und der Tag beginnt super gesund.

Ich trinke diese Smoothies im Frühling mit immer unterschiedlichen Zutaten täglich über 3–4 Wochen. Schon nach kurzer Zeit fühle ich mich pudelwohl, die Wintermüdigkeit verschwindet und ich habe das Gefühl, ich könnte Bäume ausreißen, so kraftgeladen und voller Energie bin ich. Die Vielzahl der Vitamine, Mineralien und Spurenelemente in ihrer frischesten Form versorgen den Körper rundherum und regen den Stoffwechsel und die Verdauung an. So ganz nebenbei sorgt die Brennnessel auch für den Erhalt eines basischen Milieus im Körper, was wiederum sehr wichtig ist, um gesund zu bleiben.
Junge Brennnesselblätter schmecken auf einem Pizzaboden, gewürzt mit Salz, Pfeffer und Muskat ausnehmend gut.

> Für ein schmackhaftes und gesundes **Brennnesselsalz** mörsern Sie die jungen Blätter mit der gleichen Menge Steinsalz und streichen die Mischung zum Trocknen auf einem mit Backpapier belegten Backblech aus. Nach 1–2 Tagen ist das Salz trocken. Es kann dann noch feiner gemörsert und anschließend dunkel und trocken gelagert werden.

Die frischen und kraftvollen jungen Brennnesselblätter, die jedem Spätfrost trotzen, gebe ich frisch in Salate und Wildkräutergerichte. Sie strotzen vor Kraft, sind voller Vitamine und schmecken zugleich mild und fein. Allerdings haben die Brennnesseln schon jetzt die vielen kleinen Brennhärchen, die auf der Haut juckende und schmerzhafte Piekser hinterlassen. Doch was brennt da eigentlich? Früher konnte man sich dieses wehrhafte Prinzip nicht erklären. Wie vermag eine Pflanze so ganz ohne Stacheln nur so zu brennen? Das hat man inzwischen genau untersucht und den Grund herausgefunden. Mit einer guten Lupe sind an Stängel, Blättern und später sogar an den Blüten Brennhärchen zu entdecken. Solch ein Brennhaar besteht aus einem starren, glasartigen, nach oben schmaler werdenden Röhrchen, das in einem runden Köpfchen endet. Unterhalb des Köpfchens, an einer Art Sollbruchstelle, bricht bei Berührung das Köpfchen ab und hinterlässt eine scharfe Kante, die unsere Haut verletzt. Dadurch wird der Brennnesselgiftstoff in die kleine Wunde injiziert und verursacht den Schmerz. Nun wird auch klar, warum die Brennnesseln, wenn die Härchen einmal abgebrochen sind, nicht mehr brennen können. Die Flüssigkeit enthält schlangen- und bienengiftartige Toxalbumine (eiweißartige Giftstoffe) sowie Histamin und Ameisensäure. Alles schon fast tierische Stoffe, die die Brennnessel durch die winzige kleine Verletzung in unseren Körper schleust. Pflanzen, die tierische Gifte produzieren, zählen traditionell zu

den immunstärkenden Pflanzen, die bei Allergien und Krebserkrankungen Einsatz finden.

Damit die Brennhärchen beim Essen keine Schmerzen verursachen, sollten Sie vorher sanft mit einer Flasche oder einem Nudelholz über die Blätter rollen. Für frische Anwendungen waschen Sie die Brennnesseln und tupfen sie mit einem Küchentuch trocken. Mit einer Handvoll junger Blätter wird aus jedem Salat ein Superfood. Beispielsweise der Anteil an Magnesium ist um ein 7-Faches höher als bei einem Kopfsalat, dazu die vielen Vitamine – allein die Vorstellung macht mich bereits fit. Die Brennnessel quillt über vor Vitalstoffen und Blattgrün. Das Pflanzengrün ist Chlorophyll, das genauso wichtig wie das Sonnenlicht ist. Ohne Sonne wäre ein Leben nicht möglich und ohne Chlorophyll ebenfalls nicht. Wenn wir Chlorophyll aufnehmen, ist es, als würden wir unseren Körper, unsere Organe in Sonnenlicht baden. Chlorophyll ist unserem roten Blutfarbstoff, dem Hämoglobin, sehr ähnlich. Es ist praktisch dessen Spiegelbild. Es hilft, den Sauerstoff im Blut besser zu transportieren, und versorgt etwa den Darm mit genügend davon. Das wiederum hilft, die guten Bakterien zu vermehren, was bei regelmäßiger Einnahme zu einer kräftigen Gesundheit führt.

So prall gefüllt mit gesunden Pflanzenstoffen und zusätzlichen Vitaminen wie Vitamin C, B1, B2, B6, Vitamin E (das Verjüngungsvitamin), Vitamin K (Pantothensäure und Folsäure) und Provitamin A vertreiben die jungen Brennnesselblätter die Frühjahrsmüdigkeit, helfen bei Blutarmut, reinigen das Blut und versorgen uns so optimal mit all dem, was wir für eine Gesunderhaltung benötigen. So können wir schon in guten Zeiten sicherstellen, dass unsere Zellen wundervoll versorgt und genügend Abwehrkräfte aktiviert sind, damit es gar nicht erst zu Krankheiten kommen kann. Die Brennnesseln entgiften unseren Körper. Blase und Nieren werden angeregt und dadurch Schadstoffe ausgespült.

Für solche Durchspülungen trinkt man am besten **Brennnesseltee**. Für 1 Tasse Tee benötigen Sie 1 TL frische oder ½ TL getrocknete Brennnesseln. Sie werden mit 1 Tasse heißem Wasser aufgegossen und ziehen circa 7–10 Minuten. Abseihen und schluckweise trinken. Bereiten Sie Ihren Tee immer frisch zu, so schmeckt er besser! Da die Brennnessel kräftig entgiftet und durchspült, ist es möglich, dass Sie bei größeren Mengen mit Rückvergiftungserscheinungen wie Kopfschmerzen oder leichter Übelkeit reagieren. Beginnen Sie deshalb besser erst mit 1 Tasse pro Tag, damit sich der Körper langsam an die Kur gewöhnen kann.

Um die Osterzeit schiebt die Brennnessel ihren Stängel weiter empor und hat größere Blättchen gebildet. In Notzeiten waren diese jungen Pflanzenteile eine leckere und gesunde Abwechslung auf dem Speiseplan. Nicht nur in der traditionellen Kräutersuppe am Gründonnerstag (dem Donnerstag vor Ostern) fanden sie ihren Platz. Heute sind sie für eine vitalstoffreiche Ernährung kostenlos und stellen jedes industriell produzierte Nahrungsergänzungsmittel in den Schatten.

Am Gründonnerstag koche ich in meiner Kräuterschule nach alter Sitte eine wohlschmeckende und gesunde grüne Suppe. Diese Suppe, die dem christlichen Ursprung nach ohne Fleisch sein sollte und das Ende der Fastenzeit einläutete, besteht aus neun Kräutern. Je nach Region kommen unterschiedliche Pflanzen in die Suppe. Auf die Brennnessel wurde jedoch nicht verzichtet. Blättert man in alten Büchern, findet man ähnlich lautende Rezepte.

Für meine **Ach-du-grüne-Neune-Suppe** putze ich 2 Kartoffeln und 1 Möhre, schneide sie klein und dünste sie in einem Topf mit 1 EL Olivenöl an. Nun gebe ich 1–2 Handvoll gewaschene und klein geschnittene Kräuter wie Brennnessel, Schafgarbe, Giersch, Bärlauch, Vogelmiere, Gänseblümchen, Löwenzahn, Spitzwegerich und Gundelrebe dazu und lasse sie kurz mit andünsten. Ich fülle mit Bio-Brühe oder Wasser auf, würze mit Salz und Pfeffer und lasse alles weich kochen. Zum Schluss püriere ich die Suppe und verfeinere mit einem Schuss Schlagsahne.

Da die Brennnesseln einen hohen Anteil an bioverfügbarem Eisen besitzen, ist es wertvoll und gesund, die jungen Pflänzchen in den täglichen Speiseplan einzubauen. Unser Organismus kann das organisch gebundene Eisen gut aufnehmen und dadurch werden die blutbildenden Organe angeregt. Es hilft als Baustein der roten Blutkörperchen, den benötigten Sauerstoff zu transportieren und zu speichern. Wer nicht täglich junge Brennnesseln in Spinat, Aufstrichen oder Kräuterbutter zu sich nehmen möchte, kann auch Tee trinken.

Für Schwangere, Wöchnerinnen oder Kinder, die an Eisenmangelzuständen leiden, ist eine Zuckerverreibung eine sanftere Methode.

Für eine **Brennnesselverreibung** ernten Sie die frischen Blätter der Brennnessel von April bis Mai, da gerade jetzt der Anteil an Eisen in der Pflanze besonders hoch ist. Verreiben Sie nun etwa die gleiche Menge Brennnesselblätter mit Milchzucker in einem Steinmörser, bis aus dieser Mischung ein grüner Brei geworden ist. Streichen Sie die Masse auf ein mit Backpapier ausgelegtes Kuchenblech zum Trocknen aus. Meist ist die Mischung schon nach einer Nacht trocken und kann am nächsten Tag noch einmal feiner gemörsert werden. Eventuell noch vorhandene faserige Teile können Sie einfach auspusten. Die fertige Verreibung dunkel aufbewahren und 3-mal täglich eine Messerspitze davon einnehmen. Wer keinen Milchzucker verträgt, kann die Brennnesselblätter auch mit Heilerde oder Salz verreiben.

Im späten Frühling zeigt die Brennnessel, wie schön sie der Sonne entgegengewachsen ist. Leuchtend grün steht sie am Wegesrand und ihre herzförmigen Blätter strahlen uns entgegen. Nun ist die Zeit für eine Frühjahrskur, die nicht nur bei Rheuma und Gicht Schadstoffe aus dem Körper schwemmt, das Blut reinigt und Harnsäurekristalle sowie Stoff-

wechselprodukte aus dem Körper spült. Da solch eine Kur recht schnell Stoffe aus den Zellzwischenräumen ins Blut befördert, kann es, wie oben schon beschrieben, bei unsachgemäßer Anwendung zu Übelkeit, Kopfschmerzen, Schwindel und Migräne führen. Frühjahrskuren können Sie auf verschiedene Arten durchführen. Eine davon ist, regelmäßig etwa 6 Wochen lang 3-mal täglich Brennnesseltee zu trinken, beginnend mit täglich 1 Tasse für 3 Tage, dann 2 Tassen für 3 Tage und schließlich 3-mal täglich 1 Tasse.

Um den Körper gründlich mit einer **Frischpflanzensaftkur** zu reinigen, ist es gerade jetzt besonders lohnend, die jungen, kraftvollen Pflänzchen frisch zu verwenden. Dazu müssen Sie eine größere Menge Pflanzen sammeln und mit einer Pflanzenpresse auspressen. Der gewonnene grüne Saft ist voller bester Inhaltsstoffe. Trotzdem sollten Sie ihn nicht pur trinken, weil es sich um große Pflanzenmengen handelt und der Saft die Magenschleimhaut reizen kann. Verdünnen Sie ihn mit einem Glas Fencheltee, Wasser oder Buttermilch. Beginnen Sie am ersten Tag mit 1 TL Pflanzensaft. Vertragen Sie die Mischung gut, erhöhen Sie täglich um 1 TL. Nach 10 Tagen, also nach 10 TL zählen Sie wieder rückwärts und schleichen so die Dosierung langsam wieder aus. Bereiten sie den Saft immer frisch zu, da er sich bei längerem Stehen zersetzt.

Diese Methode ist für mein Empfinden schon eine Art Rosskur, die man mögen muss. Hauterkrankungen können sich in der Anfangszeit der Kur verschlechtern. Da die Brennnessel gründlich im Körper aufräumt und schnell alle Gifte entsorgen möchte, kann sie in manchen Fällen zu ungestüm vorgehen und Kopfschmerz und Übelkeit erzeugen. Dann sollten Sie die Dosierung reduzieren und der Brennnessel etwas Einhalt gebieten in ihrer tüchtigen Aufräumarbeit. Beginnen Sie die Kur darum immer sanft. Achten Sie sorgfältig auf die Signale Ihres Körpers, ob die Dosierung stimmig ist und auch darauf, wann Sie die Kur beenden. Jeder Mensch reagiert unterschiedlich stark auf Heilpflanzen und Schwangere sollten solche Kuren bitte nicht durchführen. Frischpflanzensäfte werden auch in Reformhäusern oder Apotheken angeboten. Leider enthalten sie oft Konservierungsstoffe.
Sollten Ihnen die Saftkuren zu stark sein, nutzen Sie die Brennnessel in wässriger Form. Auch hier werden Sie die wohltuende Wirkung spüren. Beginnen Sie sanft einschleichend, damit die Entgiftung nicht so anstrengend für den Organismus wird.

> Trinken Sie an den ersten 2–3 Tagen **Brennnesselwasser**. Dazu geben Sie einfach einen Zweig der frischen Brennnesseln in einen Krug mit gutem Quellwasser und trinken das Wasser über den Tag verteilt. Wasser kann die Information der Pflanzen sehr gut aufnehmen und sanft an unsere Zellen weiterleiten. Wenn Ihnen das gut bekommt, beginnen Sie am nächsten Tag mit der ersten Tasse Brennnesseltee. So können sie sanft auf 3 Tassen Tee am Tag steigern.

Gleichzeitig sollten Sie darauf achten, die Gesamttrinkmenge deutlich zu erhöhen, um den Durchspülungseffekt zu fördern. Studien beweisen, dass sich beispielsweise rheumatische Beschwerden um bis zu 50 % verbessern, wenn Patienten Brennnesseln anwenden. Gleichzeitig fand man heraus, dass Personen, die regelmäßig Brennnesselextrakte einnehmen, ihren Schmerzmittelverbrauch bei Arthrosen und Arthritiden im Knie um die Hälfte senken konnten. Auch für Menschen mit erhöhten Harnsäurewerten empfiehlt sich eine Brennnesseltrinkkur, um auszuschwemmen.
Gleichzeitig ist die Brennnessel durch ihre üppigen Vitalstoffe bei Osteoporose eine geschätzte Heilpflanze. Der Knochenabbau hat verschiedene Ursachen. Ein Grund ist die Übersäuerung des Körpers sowie ein Mineralstoffmangel. Da die Brennnessel sehr viel bioverfügbares Kalzium sowie

Magnesium und Silizium enthält, Stoffe, die der Körper zum Knochenaufbau benötigt, und gleichzeitig ein basisches Milieu im Körper schafft, hat sie hier ebenfalls ihren Wirkungskreis. Brennnesselteekuren und frische Brennnesseln sowie andere Wildkräuter in den Speiseplan einzuarbeiten unterstützt den Körper bei der Mineralstoffaufnahme.
Wenn Sie im Frühling im Garten beim Graben auf Brennnesselwurzeln stoßen, können Sie sehen, dass die Brennnessel jetzt junge, neue Wurzeltriebe ausbildet. Dieses junge Pflanzengewebe setzt man in der Gemmotherapie ein, einer Behandlung mit den Knospen und anderem embryonalen Gewebe der Pflanzen. Die jungen Wurzeltriebe sind voller Lebens- und Wachstumskräfte. Sie strotzen nur so voller Energie und Überlebenswillen.

Für die **Brennnesselwurzel-Essenz** reinigen Sie 1 Teil junge, frische Brennnesselwurzel-Triebe. Schneiden Sie sie klein und geben sie zusammen mit 3 Teilen Quellwasser, 3 Teilen Bio-Glyzerin (pflanzlicher Herkunft) und 3 Teilen 80%igem Alkohol in ein helles Glas. Stellen Sie das Glas für 3 Wochen an einen dunklen Ort, schütteln Sie ab und an. Danach seihen Sie die Flüssigkeit ab und füllen in dunkle Fläschchen ab. Bei Bedarf nehmen Sie 3–5-mal täglich 10–15 Tropfen in Wasser oder als Spray direkt in den Mund. Behalten Sie die Essenz für einen Moment im Mund, bevor Sie schlucken, so wird sie gut von der Mundschleimhaut aufgenommen.

Die Essenz unterstützt die ableitenden Harnwege und die männliche Prostata. Sie enthält viele Mineralien und wirkt positiv auf den Blutzuckerspiegel.
Die kräftigenden Eigenschaften der Brennnessel sind im Frühjahr besonders groß. Durch ihre Wuchsfreudigkeit, ihr häufiges Auftreten und die gute Erkennbarkeit ist sie eine vorzügliche Frühlingspflanze für unsere Gesundheit. Ihre Wirkungen sind aber auch im Sommer nicht zu unterschätzen.

SOMMER

Sind die jungen Brennnesseln mit zunehmender Sonneneinstrahlung größer und aufrechter geworden, beginnt die Ernte der frischen Blätter für Tee. Doch bevor wir loslegen, lassen Sie uns noch einmal genauer eine junge Brennnesselpflanze im Frühsommer betrachten. Sie werden in den

größeren Blättern immer wieder kleine Löcher finden. Es handelt sich dabei um Fraßspuren von Insekten. Die oberen beiden Blattpaare sind meist nicht angefressen. Nur diese ernten Sie.
Das Trocknen von Brennnesselblättern ist einfach. Sammeln Sie die Brennnesseln an sonnigen Tagen von März bis September. Zuvor sollte es mehrere Tage nicht geregnet haben. Legen Sie die Blätter zum Trocknen auf eine saubere Unterlage oder hängen Sie ganze Pflanzen zusammengebunden kopfüber an einem lichtgeschützten, luftigen Ort auf. Nach wenigen Tagen sind zarte Pflanzenteile bereits trocken. Nach dem Trocknen sollten die Blätter immer noch schön grün aussehen. Haben sie sich dunkel verfärbt, sind sie nicht mehr zu verwenden. Wenn die Blätter rascheltrocken sind, lagern Sie sie dunkel und trocken. Den Backofen sollten Sie nicht zum Trocknen Ihrer Pflanzen verwenden, die hohen Tempera-

turen würden die Inhaltsstoffe zerstören. Vielleicht schmeckt Ihnen aber auch der Tee aus frischen Pflanzen besser? Dann können Sie ihn auf diese Art genießen, solange frische Brennnesselblätter in der Natur zu finden sind.

Brennnesseltee wird in der Kräuterheilkunde traditionell zur Durchspülungstherapie bei Blasen- und Nierenerkrankungen eingesetzt. Bei den ersten Anzeichen einer Blasenentzündung sollten Sie mit dem Trinken des Tees beginnen. Oft kann man damit eine Therapie mit Antibiotika umgehen. Bessern sich die Beschwerden nach 1–2 Tagen nicht, sollten Sie ärztliche Hilfe hinzuziehen. Auch bei krankhaftem Urinverhalten, Nierenentzündungen, Nieren- und Harngrieß und sogar bei Nierensteinbildung ist die Brennnessel ein probates Mittel. Sie wirkt hier diuretisch, steigert also die Harnmenge, was auf den hohen Gehalt an Kalium zurückzuführen ist. Das hat auch noch einen anderen positiven Nebeneffekt: Systolischer Bluthochdruck und Körpergewicht nehmen ab. Trotzdem müssen Sie zusätzlich auf eine Trinkmenge von mindestens 2 Litern achten.

Die Durchspülungs- und Entgiftungsfunktion wird auch bei Hauterkrankungen wie Akne, Hautausschlägen, Ekzemen, Neurodermitis, Schuppenflechte (Psoriasis) und bei Hautjucken sowie Furunkeln eingesetzt. Die Zellzwischenräume werden dadurch gründlich gereinigt und die Schadstoffe über die Niere ausgespült. Das zeigt sich dann deutlich am Hautbild. Bei Hauterkrankungen finden Teekuren Anwendung, die Sie immer einschleichend beginnen sollten und über einen längeren Zeitraum durchführen müssen. Anfänglich kann es zu einer Erstverschlimmerung kommen, was allerdings nur zeigt, dass etwas in Bewegung gerät. Je nach Verlauf sollten Sie die Dosierung dann niedriger wählen.

Das regelmäßige Trinken von Brennnesseltee kann schließlich auch den Blutzuckerspiegel senken. Dies dürfte auf den positiven Einfluss des in der Brennnessel enthaltenen Enzyms Sekretin auf die Bauchspeicheldrüse zurückzuführen sein, dem Ort der Insulinproduktion.

Wenn wir im Sommer die Brennnessel wieder besuchen, werden wir staunen. Die Blüten strotzen nicht etwa vor Farbe, ganz im Gegenteil: Unauffällig gelblich-grün sind sie und einen Duft sucht man vergebens. Trotzdem fällt auf, wie viele Schmetterlinge die Brennnessel umgarnen. Was mich daran immer wieder verwundert hat, ist die Frage: Wie schafft sie es nur, so ganz ohne leuchtend bunte Blüten und sanften Duft, solch zarte Wesen wie die Schmetterlinge anzulocken? Die Frage ist leicht beantwortet: Die Raupen von Schmetterlingen, wie der Admiral, das Tagpfauenauge

und der kleine Fuchs, nutzen die Blätter als Nahrung. Sie sind es also, die die schon erwähnten Löcher in die Blätter nagen.
Wenn Sie mehrere Brennnesseln vergleichen, werden Sie in ihrem Aussehen Abweichungen feststellen. Brennnesseln sind zweihäusig. Man unterscheidet zwischen weiblichen und männlichen Pflanzen. Bei den weiblichen Pflanzen hängen die Fruchtstände voll und satt mit Samen gefüllt nach unten. Die männlichen hingegen stehen in Büscheln mit leichten Staubbeuteln schräg aufwärts gerichtet nach oben.
Eine Lupe hilft, ihren Entwicklungsstand zu erkennen. Aus den grauen weiblichen Blüten der eisenhaltigen Pflanze entwickeln sich die wertvollen, kraftspendenden Samen. Traditionell sind ab 15. August (Maria Himmelfahrt) die winzigen, dunklen, öligen Nüsschen zum Ernten bereit. Die reifen Samen enthalten ein grünlich gelbes, chlorophyllhaltiges Öl mit einem hohen Gehalt an Tocopherol. Tocopherol ist ein fettlösliches

Vitamin E, das als wichtiges Antioxidans fungiert und die Keimzellen anregt. Außerdem sind in den Samen andere, bisher wenig bekannte Substanzen enthalten, die zu den Phytostimulanzien und Phytohormonen gehören.

So ist es kein Wunder, dass Brennnesselsamen als Energielieferant hochgeschätzt sind und bei verschiedenen Krankheitsbildern Einsatz finden. Immer wieder wird die alte Geschichte erzählt, Viehhändler hätten früher Pferden, die zum Verkauf standen, mit Brennnesselsamen zu glänzendem Fell und mehr Vitalität und Kraft verholfen, um einen besseren Preis zu erzielen. Hühnerbesitzer wissen ebenso, dass man die Legeleistung von Hennen durch die Gabe von Brennnesselsamen steigert.

Aus diesem alten Wissen heraus werden die Samen heute bei schwachen und alten Menschen, in Phasen der Rekonvaleszenz, nach langen Erkrankungen oder anderen Erschöpfungszuständen als Stärkungsmittel gegeben. 1–2 EL der Samen täglich, über einen Zeitraum von 3 Wochen eingenommen, helfen, den Körper zu tonisieren und zu stimulieren. Getrocknete Brennnesselsamen können Sie in Smoothies oder Müslis einarbeiten, aufs Butterbrot oder in frische Salate streuen oder mit etwas Honig einnehmen. In einer Pfanne angeröstete Samen machen sich gut über Suppen, in Salaten oder im Müsli.

Die reifen Samen der Brennnessel werden an einem sonnigen Tag geerntet. Sie sollten bei der Ernte dunkel und trocken sein. Legen Sie die Samen zum Trocknen auf einem Tuch aus. Danach füllen Sie sie in dunkle Gläser oder Papiertüten und lagern sie trocken. Die Früchte unterstützen die Abwehrkräfte, aktivieren die Lebensvorgänge im Körper und steigern die Konzentration.

Ein selbst gebackenes Knäckebrot wird mit den frischen Samen der Brennnessel so richtig wertvoll.

Für ein **Brennnesselsamen-Knäcke** mischen Sie 110 g Dinkelmehl mit 100 g Haferflocken. Geben Sie 60 g Sonnenblumenkerne, 50 g Sesam, 50 g Leinsamen sowie 2 EL Olivenöl hinzu sowie etwa 350 ml Wasser und 2–3 TL Brennnesselsamen. Würzen Sie mit etwas Salz. Die Mischung wird nun verrührt und auf einem mit Backpapier ausgelegten Backblech dünn ausgestrichen. Die Masse reicht für 2 Bleche und wird dann bei 150 Grad Umluft circa 60 Minuten gebacken. Möchten Sie das Knäckebrot schneiden, sollten Sie es nach 15 Minuten kurz aus dem Ofen nehmen, mit einem Pizzaroller schneiden und 45 Minuten weiterbacken.

In der Natur unterwegs entdeckt man öfter umgeknickte Brennnesseln, die auf der Erde liegen. Nach kurzer Zeit bilden sich aus den Blattachseln neue Wurzeln. Das spricht für viel Vitalität und Überlebenswillen. Unsere Vorfahren verglichen die Pflanze mit den Menschen und wendeten die Brennnessel bei fehlender Vitalität und Überlebenswillen an. Aus heutiger Sicht kann diese Anwendung aufgrund der Inhaltsstoffe bestätigt werden. Man nutzt dieses Wissen zum Beispiel während einer Chemotherapie oder bei Krebserkrankungen. Susun Weed (2005) schreibt, besonders für Frauen, die sich für eine Chemotherapie entscheiden, erhöhe sich der Energiespiegel mit einer Brennnesselsamenkur innerhalb weniger Tage, der Haarwuchs werde nach wenigen Wochen sichtbar und die Bluttätigkeit verbessere sich rasch. Die Samen vitalisieren die Körperfunktionen und geben nach Erkrankungen zuverlässig Kraft. Als Nebenwirkung beschreibt Weed häufiges Wasserlassen, das aber rasch wieder verschwindet.

Die reifen Brennnesselsamen haben sich längst auch einen guten Ruf als Potenzmittel erworben. „Sie bringen den Herren Kraft in die Lenden ...", hörte ich meine Lehrerin immer sagen und von Generation zu Generation sei überliefert, dass dem tatsächlich so ist. Schon die alten Meister, etwa der Regensburger Dom- und Ratsherr Konrad von Megenburg (1309–1374) schrieb in seinem „Buch der Natur", dass in Wein gelöste Brennnesselsamen offenbar als Aphrodisiakum genutzt wurden. „... di nezzel erweckt die unkäusch und allermeist ihr sam mit wein ..." Diese Wirkung ist auf den Anteil an Phytohormonen und anderen kraftspendenden Stoffen zurückzuführen. Auch für Frauen mit Schwäche der Sexualfunktion sind Brennesselsamen ein hervorragendes Mittel. Direkten Einfluss nehmen diese sogar auf die Schilddrüse: Bei Unterfunktion greifen sie sanft regulierend in das hormonelle Geschehen ein.

Die Phytohormone, Vitamine und Mineralstoffe machen die Samen auch bei Wechseljahresbeschwerden interessant. Eine einschleichende Therapie mit Brennnesselwasser und anschließendem Trinken des Tees hat sich bewährt.

Besuchen wir erneut unsere Brennnessel am Wegesrand. Im weiteren Jahresverlauf zeigt sich an ihrem Stängel eine Veränderung. Er lagert Fasern ein, die ihm eine starke Festigkeit verleihen und die Brennnessel zur wertvollen Faserpflanze machen. Seit der Altsteinzeit liefert sie den Rohstoff für Netze und Stricke. Die Brennnesselfasern wurden im 19. Jahrhundert durch die Baumwolle verdrängt. Dabei ist der Anbau der Brennnessel unproblematisch und aufgrund zunehmender Allergien auf synthetische Stoffe heute mehr denn je zu befürworten.

HERBST

Langsam hält der Herbst Einzug mit seinen feuchten, nebligen Tagen. Die Pflanzen bereiten sich auf die Winterruhe vor und ziehen sich zurück. Von unserer hübsch anzusehenden, aufrecht und voller Samen stehenden Brennnessel ist nur noch ein trockenes braun-graues Pflänzchen übrig. Gerade jetzt sind aber die Wurzeln besonders wertvoll. Gräbt man nun die Brennnessel aus der Erde und säubert sie, fällt sofort der gelblich gefärbte Wurzelstock (Rhizom) mit waagerechten Ausläufern und kleinen Wurzeln daran ins Auge. Dieser Farbton entsteht durch einen hohen Anteil an Carotinoiden, fettlöslichen Pigmenten, die wir auch aus der Karotte kennen

und eine Vorstufe von Vitamin A darstellen. Zusätzlich befinden sich in der Wurzel Phytohormone. Durch sie übt die Wurzel einen wohltuenden Einfluss auf die Unterleibsorgane von Mann und Frau aus. Die Wurzel wirkt antientzündlich und immunstimulierend und verbessert die hormonelle Situation. Anwendung findet sie bei Prostatabeschwerden, gutartigen Prostataadenomen und schmerzhaftem Wasserlassen bei Männern. Sie lindert Beschwerden der Reizblase bei Frauen und unterstützt durch ihre hormonartige Wirkung bei Myomen.

Für einen **Brennnesselwurzel-Tee** benötigen Sie 1 TL getrocknete oder ½ TL frische Wurzelstücke. Übergießen Sie die Wurzelstücke in einem Topf mit circa 1 Tasse kaltem Wasser und lassen Sie den Sud aufkochen und für 10 Minuten sanft köcheln. Danach seihen Sie ab und trinken den Tee 3-mal täglich.

Eine **Brennnesselwurzel-Tinktur** hilft bei übermäßigem nächtlichem Harndrang. Dazu benötigen Sie klein geschnittene frische, gesäuberte Wurzelstücke. Füllen Sie diese mindestens halb hoch in ein helles Schraubglas. Die Wurzelstücke übergießen Sie mit 40%igem Alkohol (zum Beispiel Branntwein oder Korn) und stellen alles für 3–4 Wochen an einen warmen Ort. Anschließend filtern Sie den Inhalt ab und füllen die entstandene Tinktur in ein dunkles Fläschchen. Bei übermäßigem nächtlichem Harndrang können 15–30 Tropfen am Abend in etwas Wasser gegeben Abhilfe schaffen.

Nicht zu vergessen ist die Brennnessel in der Behandlung von Haarproblemen. So wie sie überdüngte, stickstoffhaltige Böden reinigt und reguliert, so regen die Wirkstoffe der Brennnessel die Hautdurchblutung an und sorgen durch die vielen Mineralstoffe und Spurenelemente für eine optimale Ernährung der Haarwurzel. Zusätzlich sind die Carotinoide dafür bekannt, dass sie Haut und Haare schön machen. Bei Haarausfall, Kopfjucken, dünnem kraftlosem Haar und nach einer Chemotherapie verwendet man die Brennnessel innerlich und äußerlich, zum Beispiel in Form einer Tinktur oder als Tee.
Um Kopfhaut und Haare zu spülen, verwenden Sie den Brennnesselwurzel-Tee (siehe oben). Verdoppeln Sie die Menge Brennnesselwurzel und die Kochzeit. Nach dem Abkühlen spülen Sie die Kopfhaut und das gewaschene Haar und massieren den Tee sanft ein. Abspülen müssen Sie ihn nicht. Die Brennnesselwurzel-Tinktur können Sie ebenfalls sanft in den Haarboden einmassieren, wo er die Haarwurzel optimal versorgt.

Das Kräuterjahr neigt sich dem Ende zu. Im Winter ist von der einst stolzen Brennnessel nicht mehr viel zu sehen. Aus der schlanken grünen Pflanze ist ein braunes, trockenes Kraut geworden. Aber es dauert gar nicht lange, dann wird sie wieder aus dem Boden sprießen und uns vom ersten Moment an auf Abstand halten.

Kaum eine Pflanze vor unserer Haustür ist so vielfältig wie die Brennnessel. Vielleicht wächst sie gerade deshalb für uns zum Greifen nah. Sie bietet uns fast das ganze Jahr über neue Möglichkeiten, ihre Kräfte für uns zu nutzen. Möglicherweise hatten die Alten recht, als sie behaupteten, wenn die Brennnessel ihre Brennhärchen nicht hätte, wäre sie schon lange ausgerottet, weil sie als Heilpflanze so wertvoll ist.

HOLUNDER

Auf meinen Frühlingskräuterwanderungen komme ich immer wieder an den schönen cremig-weiß blühenden Holunderbüschen vorbei. Ihren intensiven Duft verströmend recken sich mir die großen Trugdolden des Holunders entgegen. So friedlich, leicht und luftig steht er da und betört mich mit seinem wilden Wohlgeruch. Wenn dann im Spätsommer seine Früchte reifen, biegen sich die Äste unter dieser schweren Last. Ein Bild voller Fülle und Üppigkeit.

„Oh, wer zählt die Wunder alle
dieses Bäumchens wohl?
Rinde, Beere, Blatt und Blüte,
jeder Teil ist Kraft und Güte,
jeder segensvoll!"

Alte Volksweisheit

Seit Kurzem steht auch auf meinem Grundstück ein kleiner Holunder. Immer schon hatte ich den Wunsch, den Göttinnen in meinem Garten einen Sitz zu bieten – und nun steht er da! In diesem Spätsommer trägt er das erste Mal Früchte. Woher er kam, das weiß ich nicht. Aber es heißt doch immer: „Einen Holunder kannst du nicht pflanzen, er wächst, wo er will." Meine Apotheke vor der Haustür!

PFLANZENSTECKBRIEF

Name: Der wissenschaftliche Name des Schwarzen Holunders (*Sambucus nigra*) kommt vom griechischen *Sambux*, einem roten Pigment, und bezieht sich auf die rotfärbenden Beeren. Sein Name leitet sich vom althochdeutschen *Holantar* ab, was so viel wie hohler Baum bedeutet und sich auf das im Innern der Äste befindliche weißlich-wattige Mark bezieht.

Pflanzenfamilie: Moschuskrautgewächse (Adoxaceae).

Volksnamen: Ellholder, Fliedertee, Hollerbusch, Schwarzholder.

Erkennen: Der Schwarze Holunder ist in Europa, Nordafrika und Kleinasien beheimatet. Er wächst als Strauch oft in der Nähe von Siedlungen. Ein ausgewachsener Holunder kann bis zu 7 m hoch werden. Er hat eine borkige, raue, zerschlissene und unangenehm riechende Rinde. Die jungen Triebe sehen sehr speziell aus. Sie erinnern mich an Wesen aus einer fremden Welt. Nur dürftig sind sie mit einer Rindenhaut geschützt. An seinen weit ausladenden Zweigen, die im Innern mit einem schaumartigen, weißen Mark gefüllt sind, wachsen später gegenständig angeordnet unpaarig gefiederte Blätter und dann auch die großen Trugdolden. Von Mai bis Anfang Juni erblühen die cremig-weißen Dolden. Ich freue mich jedes Mal darauf. Es ist ein Anblick, als würden Schwärme weißer Sternchen um die gelbgoldenen Staubbeutel tanzen. Unendlich viele kleine fünfzählige Blüten finden sich zu einer solchen Dolde zusammen. Sie duften geheimnisvoll aromatisch, manche beschreiben den Duft aber auch als unangenehm. Er zieht sich durch die gesamte Pflanze. Aus den Blüten entwickeln sich bis zum September schwarzviolette bis schwarze Beeren, die schwer an den Ästen hängen.

Verwechsler: Der Schwarze Holunder kann verwechselt werden mit seinen beiden Geschwistern, dem Trauben- oder Hirschholunder (*Sambucus racemosa*) und dem kleineren Zwergholunder (*Sambucus ebulus*). Der Trauben- oder Hirschholunder wächst oft in unseren Harzer Wäldern. Schon im Spätwinter erkennt man die Blütenknospen, die Mitte April bis Mitte Mai erblühen. Die Blütenstände sind gelblich-grün und stehen in aufrechten Trauben. Das Mark des Hirschholunders ist, anders als beim Schwarzen Holunder, bräunlich. Der Zwergholunder oder Attich ist deutlich kleiner und mit weißen bis rötlichen Trugdolden besetzt, die erst erblühen, wenn die Blüten des Schwarzen Holunders bereits vergangen sind. Auch er wächst an Weg- und Waldrändern. Bei beiden ähnlichen Arten ist Vorsicht geboten, da sie Giftstoffe enthalten.

Sammeln: Vom Holunder werden die Blüten und die Früchte gesammelt. Die Blüten erntet man im Mai, die Früchte im September zur Reifezeit. Die Früchte sind roh unverträglich. Rinde und Blätter sind leicht giftig.

Anwenden: Die Kommission E empfiehlt Holunderblüten bei Erkältungskrankheiten. Bei den Blüten sind keine Nebenwirkungen zu befürchten.

FRÜHJAHR

Um den Holunder ranken sich unzählige Geschichten. Meist geht es darin um die uralte Muttergöttin (Hulda oder Frau Holle), die mit ihren Helfern, den Zwergen und Gnomen, den Menschen hilfreich zur Seite steht. Der Holunder vereint Gegensätze in sich, wie die Göttin selbst. Sie schützt das Gute und bestraft das Böse. Genauso zeigt sich der Holunder von zwei Seiten. Er hat weiße Blüten, aber seine Früchte sind beinahe schwarz. Im Frühjahr ist er voll heller Schönheit, im Herbst jedoch scheint er durch die Früchte und sein Laub dunkel und düster. Teilweise enthält er giftige Inhaltsstoffe – als Heilpflanze aber wirkt er famos. In dieser Hinsicht steht der Holunder uns Menschen schon lange sehr nahe. Er galt immer als Universalmedizin, verfügt über außerordentliche Lebenskräfte und wurde seit frühester Zeit von den Menschen angewendet. Heute nutzt man nur noch seine Blüten und Früchte. Die Blüten enthalten andere Inhaltsstoffe als die übrigen Pflanzenteile, zum Beispiel ätherische Öle, die für den Duft verantwortlich sind, schweißtreibende Glykoside, Flavonoide, Gerbstoffe, Pflanzenschleime sowie Mineralstoffe. Die Blätter und die Rinde enthalten Gerbstoffe und ein Blausäure abspaltendes Glykosid, das früher genutzt wurde, um Durchfall oder Erbrechen zu erzeugen.

Wenn sich der Winter nicht so eisig zeigt, schiebt der Holunder schon sehr früh seine jungen Triebe aus Stamm und Zweigen. Bereits im Januar kann man die charakteristischen Blatttriebe entdecken, die sich durch ihre lila-grünliche Färbung auszeichnen. Aus ihnen kann man von Januar bis in den März hinein ein Gemmomazerat herstellen. Dieses Mazerat hat sich zur Entgiftung und als Stärkungsmittel bewährt. Nach einem langen Winter genau das Richtige. Es wirkt gleichzeitig auf rheumatische Prozesse, auf die Atemwege und die Haut sowie bei Blutarmut und es stärkt und beruhigt die Nerven.

Für dieses **Holunder-Gemmomazerat** benötigen Sie 1 Teil frische Holunderblattknospen, 3 Teile gutes Wasser oder Quellwasser, 3 Teile Bio-Glyzerin (pflanzlicher Herkunft) und 3 Teile Alkohol (mindestens 70%ig). Nachdem Sie die Knospen klein geschnitten haben, geben Sie sie mit den flüssigen Zutaten in ein Glas und stellen es für 3 Wochen dunkel. Danach abseihen und in dunkle Fläschchen abfüllen. Bei Bedarf 3–5-mal täglich 10–15 Tropfen in Wasser einnehmen.

Mitte Mai brechen die weißlich-cremigen Blüten auf und verströmen ihren besonderen Duft. Um sie zu ernten, schneide ich ganze Blütenstände ab und trockne sie gebündelt oder, besser, ausgelegt auf einem Leinentuch oder Gaze. Danach rebele ich die kleinen Blüten ab und lassen sie etwas nachtrocknen. Die Trocknung muss sehr schonend verlaufen, um die wichtigen Inhaltsstoffe der Blüten, wie das Flavonoid Rutin und die ätherischen Öle, nicht zu zerstören.
Die Blüten des Holunders sind hochgeschätzte Erkältungsmittel. Sie wirken immunstärkend und haben einen guten Bezug zu allen Erkrankungen, die Wärme benötigen. Sie helfen den erkrankten Atemwegen bei allen Erkältungskrankheiten mit Husten, trockenem Reizhusten, grippalen Infekten und Heuschnupfen. Der Fliedertee, wie man ihn im Volksmund nennt, feuert das Immunsystem an, wirkt fiebersenkend, schleimlösend und schweißtreibend und beruhigt die Nerven. Bei beginnender Erkältung werden einige Tassen davon heiß getrunken. Zusätzlich können Fußbäder mit Holunder das Schwitzen unterstützen. Danach legen Sie sich gut zugedeckt ins Bett, um zu schwitzen. Sind Sie gut durchgeschwitzt, waschen Sie Ihren Körper mit kaltem Wasser ab, wechseln die feuchte Kleidung und legen sich wieder ins warme Bett.

> Der **Holunderblüten-Tee** soll gleich zu Beginn einer Erkältung so heiß wie möglich mit Honig getrunken werden. Dafür überbrühen Sie 2 TL Holunderblüten mit 1 Tasse heißem Wasser. Lassen Sie die Holunderblüten darin abgedeckt 5–7 Minuten ziehen, damit die wertvollen ätherischen Öle nicht verfliegen.

Die Holunderblüten besitzen eine ausgeprägte Sympathie zu den luftigen Höhlen im Kopf. Der Tee wird bei Schnupfen, akuten und chronischen Prozessen der Nebenhöhlen, bei Kopfschmerzen, Zahnschmerzen, Ohrenschmerzen, Bronchitis und bei Lungenentzündung als schmerzlinderndes und beruhigendes Mittel getrunken. Zusätzlich unterstützen Blüten von Linden oder Mädesüß die Holunderkräfte bestens.

> Ein Teeaufguss, äußerlich als **entzündungshemmende Auflage oder Augenbad** aufgelegt, hilft bei trockenen Augen oder Bindehautentzündung. Dazu tauchen Sie ein kleines Leinenstück oder ein Taschentuch in den abgekühlten Holunderblüten-Tee, wringen sanft aus und legen es auf die Augen. Diese Anwendung sollten Sie mehrmals wiederholen.

Weil der Tee so gut durchwärmt, wird er auch bei rheumatischen Beschwerden als entzündungshemmende Teekur für 4–6 Wochen 3-mal täglich getrunken.
Aber auch ein Essig mit den Blüten des Holunders empfehle ich gern als Hausmittel bei verschiedenen Erkrankungen.

Verdünnten **Holunderblüten-Essig** können Sie bei Hals- oder Mandelentzündungen als Gurgelbehandlung oder bei Hauterkrankungen als Spülung verwenden. Apfelessig wirkt antibakteriell und entzündungshemmend. Sammeln Sie 5–6 Holunderblüten-Dolden, schneiden Sie die dicken grünen Stiele der Blütendolde ab und geben Sie die Blüten in eine helle Flasche. Gießen Sie nun 500 ml Bio-Apfelessig darüber und stellen die Flasche für etwa 1–2 Wochen auf eine sonnige Fensterbank. Nach dem Abfiltern haben Sie einen Essig, der, verdünnt mit 2 EL auf ¼ Liter Wasser, zum Gurgeln, für Spülungen oder bei Hauterkrankungen angewendet werden oder als wunderbar aromatisierter Essig ihre Speisen bereichern kann.

Innerlich angewendet aktiviert dieser Holunderblüten-Essig den Stoffwechsel und fördert eine gesunde Darmflora.

Die Holunderblüten können Sie auch zu einer **hautpflegenden Holunderblüten-Salbe** verarbeiten. Holunderblüten-Salbe macht die Haut weich und hilft beim Pflegen rauer, rissiger oder schrundiger Hautpartien etwa an Füßen oder Ellenbogen. Geben Sie 1–2 EL frische Holunderblüten-Dolden ohne die dicken Stängel in einen Topf, bedecken Sie alles mit 100 ml Bio-Öl (Olive oder Sonnenblume) und erwärmen Sie die Blüten sanft. Aber Vorsicht, sie dürfen nicht kochen! Lassen Sie die Blüten-Öl-Mischung über Nacht ziehen. Am nächsten Tag erwärmen Sie sie noch einmal sanft, dann seihen Sie ab und geben 10–15 g Bio-Bienenwachs hinzu. Sobald das Wachs geschmolzen ist, füllen Sie die Salbe in Salbendöschen ab. Die Holunderblüten-Salbe ist etwa 1 Jahr haltbar.

Astrologisch sind die weißen Blüten des Holunders dem Mond zugeordnet. Mondpflanzen, so wussten die Alten aus längst vergangenen Zeiten, heilen fieberhafte Erkrankungen und fördern die Fruchtbarkeit. Man findet in den kleinen weißen Blüten östrogenartige Stoffe, die in der heutigen Frauenheilkunde kaum genutzt werden. Längst haben hier andere Heilpflanzen den Holunder abgelöst.

Eine sehr sanfte und feinstoffliche Anwendung ist eine **Holunderblüten-Essenz**. Sie bringt Klarheit und verschafft Überblick. Außerdem hilft sie, das Wesentliche zu erkennen und uns weiterzuführen. Blütenessenzen haben keinerlei Nebenwirkungen, sind leicht herzustellen und problemlos anzuwenden. Geben Sie frische Holunderblüten in eine Glasschale mit gutem Wasser und stellen Sie diese für 3–4 Stunden in die pralle Sonne. Sollten sich Wolken am Himmel zeigen, verschieben Sie die Herstellung auf einen anderen Tag. Danach nehmen Sie die Blüten heraus und füllen die Essenz ab. Ein Fläschchen zur Hälfte mit der Blütenessenz füllen, den Rest mit 40%igem Alkohol auffüllen. Das ist ihre Urtinktur. Zum Einnehmen verdünnen Sie diese Urtinktur. Nehmen Sie ein neues Fläschchen, geben Sie zur Hälfte Quellwasser hinein, den Rest füllen Sie mit Alkohol auf. Nun geben Sie 1 Tropfen der Urtinktur (je 10 ml Fassungsvermögen des Fläschchens) hinzu.

In der Küche sind die Holunderblüten ein saisonaler Renner. Meine Oma, eine unglaublich begabte Köchin, die ihr Hausfrauenwissen von ihren Vorfahrinnen übernommen hat, zauberte für uns aus wenigen Zutaten leckere Gerichte. Mit einfachen, aber köstlichen Rezepten aus der Natur verwöhnte sie uns nach Strich und Faden. So viele Pflanzen kannte sie und ihr Naturwissen war immens. Ich frage mich oft, ob sie wusste, wofür ich ihr heute so dankbar bin: Nämlich, wie gesund und nährstoffreich sie ihre Familie auf diese Weise ernährte.

So lassen sich aus den Holunderblüten leckere, süße Gerichte zaubern, zum Beispiel **Hollerküchlein**: ausgebackene Holunderblüten in Backteig. Aus 2 Eiern, ¼ Liter Weißbier oder Weißwein (für Kinder Wasser), 3 EL Zucker und einer Prise Salz rühren Sie mit 150 g Mehl einen Teig. Nachdem der Teig für 30 Minuten geruht hat, tauchen Sie die gewaschenen Hollerdolden hinein und backen sie in heißem Öl nacheinander für 2–3 Minuten goldgelb aus. Danach tropfen Sie die Küchlein auf Küchenpapier ab und bestreuen sie anschließend mit Puderzucker.

Frische Blüten, in eine Karaffe gegeben und mit Wasser aufgefüllt, sind eine Wohltat für die Sinne. Dieses Holunderblüten-Wasser schmeckt köstlich und sieht zauberhaft aus. Wenn ich mich an die Besuche auf dem Hof meiner Großeltern zurückerinnere, schwelge ich gedanklich im Duft der Holunderblüten, die so oft beim Eingießen des Holunderwassers mit in meinen Becher rutschten. In solchen Momenten bin ich wieder ganz Kind, unbeschwert und durstig.

Holunderblüten-Limonade ist ein traditionelles Getränk, das die Abwehrkräfte steigert und zugleich erfrischt und belebt. Für die Limonade geben Sie 5 große Holunderblüten-Dolden, 2 Bio-Zitronen (in Scheiben geschnitten) und 250 g Zucker in einen Steintopf und füllen mit 2 Liter Wasser auf. Stellen Sie den Steintopf abgedeckt mit einem Tuch in die Sonne. Wenn nach 3–4 Tagen Bläschen aufsteigen, seihen Sie alles durch ein Sieb oder Tuch ab und füllen die Limonade in verschließbare Flaschen ab. Verschlossen sind sie für gut 1–2 Wochen im Kühlschrank haltbar.

Für eine längere Haltbarkeit eignet sich ein **Holunderblüten-Sirup**. In solchen Rezepturen verwendet man oft Zitronensäure. Ich habe von einer alten Dame ein Rezept bekommen, das ohne diese Zutat auskommt. Ich schneide von 10–15 Holunderblüten-Dolden die dickeren grünen Stängel ab und gebe die Blüten in eine Schüssel. 3–4 Bio-Zitronen waschen, auspressen und mitsamt der Schale und etwas Zucker über die Blüten geben. Die Schüssel stelle ich mit einem Deckel abgedeckt für 1–2 Tage kühl. Dann abseihen und im Kühlschrank aufbewahren. Der Sirup ist etwa 6–8 Wochen haltbar und passt in Dressings oder als Aroma in Gebäck oder ich fülle mit Wasser oder Sekt auf – und genieße ihn an warmen Sommertagen.

Zum Aromatisieren von Tees, Salaten, Süßspeisen oder Drinks ist ein Blütenzucker aus Holunder leicht hergestellt.

> Für diesen **Holunderblüten-Zucker** sammle ich Holunderblüten, entferne die dicken grünen Stängel (sie schmecken bitter), schichte sie mit dem Zucker abwechselnd in ein Glas und lasse alles für 1–2 Tage verschlossen stehen. Danach gebe ich die Zucker-Blüten-Mischung in einen Mixer oder Mörser und verreibe sie gut. Die Masse muss nun noch für eine Nacht auf einem mit Backpapier ausgelegten Backblech trocknen, bevor der Zucker gut verpackt gelagert werden kann.

Wenn man von den vielen guten Eigenschaften weiß, die bereits im Frühjahr im Holunder stecken, erklärt sich schnell, warum der Holunder als unglaublich kraftvoller Strauch und auch heute noch als Sitz des guten Hausgeistes betrachtet wird.

SOMMER

Nachdem die cremefarbenen Dolden verblüht sind, ändert sich das lichte Aussehen des Holunders. Jetzt zeigt sich mein Holunder mit kleinen grünen Früchtchen, die nach und nach im Hochsommer zu schwarzen Beeren heranreifen. Aus der lichten, strahlenden Holundergöttin wird ein mit schwarzer Beerenkraft beladener Strauch – meine Hausapotheke am Gartenzaun. Seine knorrige, hellgraue, rissige Rinde und die Blätter, wurden in alten Zeiten zu Heilmitteln verarbeitet. Aus den Blättern rührte man zusammen mit Schweineschmalz eine Salbe, die bei Prellungen, Quetschungen und Geschwülsten half. Pulverisiert und mit Milch zu einem dicken Brei verkocht wandte man die Blätter äußerlich an, um Verbrennungen und Hämorrhoiden zu kurieren.

Blätter und Rinde fanden Einsatz bei Wasserstauungen im Körper. Ihre Inhaltsstoffe, unter anderem die Glykoside, wirken harntreibend, blutreinigend und leicht abführend. Sie regen den Stoffwechsel an und wurden besonders bei Rheuma empfohlen. Dazu überbrühte man Rinde oder Blätter mit Wasser und goss sofort ab. Im alten Sympathieglauben galt die Regel: Schneidet man die Rinde des Holunders von oben nach unten, wirkt sie als Abführmittel. Umgekehrt, also von unten nach oben geschält, wurde sie als Brechmittel eingesetzt. Mit solchen innerlichen Anwen-

dungen sollte man heute vorsichtig umgehen. Sie sind nicht mehr üblich. Denn Rinde und Blätter können innerlich angewendet Magen- und Darmreizungen hervorrufen. Schon Hieronymus Bock (1489–1554) schrieb dazu: „Holder inn leib genüzt / ist einer krefftigen außtreibenden Natur... / treibt auß die Wassersucht mit gewalt / ... etliche machen ein guten Essig aus Holder blüet."

Holunderblätter wirken, äußerlich als Absud eingesetzt, bei Quetschungen, Blutergüssen, Verstauchungen und Ekzemen auf der Haut.

Versuchen Sie einmal folgendes Rezept eines **Holunderblätter-Absuds**: Nehmen Sie so viel Wasser, dass 2–3 Handvoll Blätter bedeckt sind, und lassen den Sud für etwa 10–15 Minuten sanft köcheln. Danach abseihen und die Flüssigkeit für Umschläge oder als Badezusatz verwenden.

Die gefiederten Blätter des Schwarzen Holunders helfen wühlmausgeplagten Gartenbesitzern. In die Löcher der Wühlmäuse gestopft oder als Brühe angesetzt vertreiben sie die Plagegeister. Für eine Brühe geben Sie Holunderblätter in einen Eimer und übergießen mit Regenwasser. Nach einigen Tagen Reifung in der Sonne können Sie die Brühe in die Wühlmausgänge schütten. Wühlmäuse verabscheuen den Geruch und verziehen sich.

HERBST

Während im Spätsommer die Beeren reifen, färben sich auch die grünen Stiele des Holunders violett ein. Schwer und dunkel hängen nun im Herbst die reifen Beeren an den Zweigen. In ihrem Innern verbergen sich im dunklen Saft drei Samen. Die Beeren gehören zu den anthocyanreichsten Lebensmitteln überhaupt. Anthocyane sind rote Pflanzenfarbstoffe, die den Beeren ihre kräftige Farbe verleihen. Sie schützen das Herz, senken den Blutdruck und fangen schädigende freie Radikale ab. Derzeit preisen manche sie als „die neue Wunderwaffe aus der Natur". In der Tat wirken sie stark antioxidativ und außerdem antiviral. Die Beeren sind reich an Gerbstoffen, Mineralstoffen und Vitaminen, wie Vitamin A, B2, B6 und C, außerdem Folsäure, Biotin, Kalium, Kalzium, Phosphor und andere.

Die Beeren können, roh gegessen, in größeren Mengen durch das in ihnen enthaltene schwach giftige Sambucin bei manchen Menschen Übelkeit und Erbrechen hervorrufen. Ein paar unreife Beeren machen jedoch nichts aus, sondern sind im Gegenteil sogar sehr gesund. Sind die Beeren voll ausgereift, so enthalten sie so gut wie kein Sambucin mehr, wie Forscher feststellen konnten. Auch durch große Hitze verlieren die Beeren ihre Giftstoffe, deshalb werden sie vor der Weiterverarbeitung meistens heiß entsaftet.

> Einen **Fiebersaft** stellen Sie ganz einfach mit einem Dampfentsafter her. So entfällt das mühsame Abtrennen der Beeren von den Stielchen. Falls Sie keinen Entsafter zur Verfügung haben, füllen Sie die gut gewaschenen Beeren, die Sie vorher mit einer Gabel von den Stielen entfernt haben, in einen Topf mit etwas Wasser. Kochen Sie die Fruchtmasse mit dem Wasser auf. Anschließend werden die Beeren durch ein Sieb oder Leinentuch ausgedrückt. Den gewonnenen Saft kochen Sie ein zweites Mal auf und füllen ihn dann heiß in saubere Flaschen mit Schraubverschluss. Durch längeres Kochen verringert sich der Anteil der Anthocyane. Holunderbeersaft wird mit heißem Wasser oder Holunderblüten-Tee verdünnt als „Fiebersaft" angewendet.

Dieser Saft ist reich an Vitamin C und stärkt die Widerstandsfähigkeit gegen Infekte, krebserregende Stoffe und Allergien. Er wirkt antiviral und ist ein gutes Mittel bei Grippe, Gicht, Neuralgien und Harnsteinen. Besonders

in der Kinderheilkunde gilt er als alt bewährtes fiebersenkendes Mittel und zugleich als schmackhafte Medizin. Dieser Muttersaft wirkt blutreinigend und schmerzlindernd. Sogar bei schmerzhaften Ischias- oder Trigeminus-Neuralgien leistet er gute Dienste.

> Nicht weniger wirksam ist ein **Holunderbeer-Medizinalwein**. Für diesen Wein lassen Sie reife Holunderbeeren und Wein zu gleichen Teilen etwa 30 Minuten auf kleiner Flamme köcheln. Geben Sie etwas Zucker oder Honig dazu und filtern Sie alles ab. Danach sollte der Wein circa 2–3 Wochen reifen. Nehmen Sie 3-mal täglich 1 Likörgläschen davon ein.

Die getrockneten Beeren des Holunders setzt man in der Volksmedizin bei Durchfall ein. Sie müssen gründlich und rasch getrocknet werden, denn der schwache Giftstoff löst sich nicht nur beim Erhitzen, sondern auch während des Trocknungsvorgangs auf.
Nicht nur wir Menschen finden die Beeren begehrenswert. Über 60 Vogelarten nutzen die Früchte als kalorienreiche Nahrung und sind völlig verrückt danach. Zu Dutzenden plündern sie die Hollerbüsche und fressen die reifen Beeren. Nachdem sie einmal durch den Vogelmagen gewandert sind, verbreiten die Vögel die Samen rasch in der Natur und sorgen so für Vielfalt. Auch die Beeren der beiden anderen Holunderarten werden von Vögeln als Futter genutzt.
Wenn im Herbst die kleinen roten Beeren des Trauben- oder Hirschholunders (*Sambucus racemosa*) gereift sind, enthalten sie für uns Menschen einen schleimhautreizenden Giftstoff. Durch Dampfentsaften oder starkes Erhitzen und anschließendes Ausstreichen der Kernchen durch ein Sieb können sie zu Marmelade oder Saft verkocht werden. Die Beeren des Hirschholunders enthalten viel Vitamin C und Provitamin A.
Beim Zwergholunder oder Attich (*Sambucus ebulus*) hingegen ist Vorsicht geboten. Durch die Einnahme der ungenießbaren kleinen schwarzen Beeren kann es besonders bei Kindern zu Vergiftungserscheinungen kommen. Die Wurzel des Attichs wurde früher in der Volksheilkunde bei Nierenleiden, Wassersucht und Gicht eingesetzt. Sie hat eine stark harntreibende Wirkung. Mit seinen Beeren färbte man Wolle.
Der Rindenbast (die Innenrinde) des Schwarzen Holunders sammelte man im Herbst und nutzte sie als drastisches Abführmittel. Solche Anwendungen sind heute nicht mehr üblich. Blätter, Rinde, Wurzeln und unreife Beeren dürfen nicht in der Schwangerschaft angewendet werden. Unreife

grüne Beeren sind ein drastisches Abführmittel, sie können zu Übelkeit und Erbrechen führen.

In den Wintermonaten wächst an Holundersträuchern ein Pilz, das Judasohr. Einer Legende nach erhängte sich Judas nach seinem Verrat an einem Holunderbusch. Danach wuchsen am Stamm Pilze in Form von Ohrmuscheln – eben Judasohren. Der Holunderschwamm, so sein eigentlicher Name, wird bis zu 10 cm groß. Er hat eine gummiartige Textur und ist braun gefärbt. Getrocknet nutzt man ihn für Heilanwendungen ebenso wie in der Küche. Gleich zwei heilkräftige Experten gibt es in dieser Pilzfamilie: das Judasohr und den nahezu identischen Mu-Err-Pilz, der in Asien sehr beliebt ist. Schon immer wurden beide bei Herz-Kreislauf-Erkrankungen, Hämorrhoiden, Uterusblutungen und zur Befeuchtung von Schleimhäuten angewendet. Zugleich senkt der Pilz den Blutdruck und wirkt antioxidativ. Die moderne Wissenschaft konnte kürzlich zeigen, dass die Inhaltsstoffe des Holunderschwamms Darm, Nervensystem und Gelenke günstig beeinflussen. Er wirkt blutverdünnend und verhindert die Bildung von Gerinnseln in den Blutgefäßen, ohne dabei die Gefäßwände anzu-

greifen. Zusätzlich zeigt er eine antibakterielle und cholesterinsenkende Wirkung. Er stärkt die körpereigene Abwehr, vitalisiert und wirkt blutzucker- und blutfettregulierend sowie nierenschützend. In der Krebstherapie wendet man ihn unterstützend bei Haut- und Prostatakrebs an und er hilft bei Tinnitus, Migräne und Spannungskopfschmerz. In Korea trocknet man den Pilz und mischt ihn verrieben dem Mehl beim Brotbacken zu. Die Wirkstoffe bleiben nach dem Backen erhalten und bereichern das Brot sogar geschmacklich. Falls Sie die Judasohren sammeln möchten, suchen Sie im Herbst und Winter nach längeren Regenzeiten und wählen Sie am besten fleischige Exemplare. Nach dem Trocknen können Sie diese, zu Pulver gemahlen, in Speisen einarbeiten und als Bindemittel für Suppen, Soßen oder Eintöpfe verwenden. Schwangere, Frauen mit Kinderwunsch und Personen, die Blutverdünner einnehmen sollten allerdings auf das Judasohr verzichten.
Die Blüten des Holunders und sein Holz eignen sich auch gut zum Verräuchern. Ich mag das Räuchern von Pflanzenteilen oder Harzen sehr, denn es erinnert mich an meine Kindheit, meine Wurzeln. Meine Großeltern räucherten besonders in den ruhigeren Wintermonaten, wenn die Arbeit auf dem Hof weniger wurde. Man erzählte sich am Abend Geschichten oder spielte. Wenn dann mein Großvater die flache Pfanne mit einem langen Stiel aus dem Regal nahm und einige glühende Kohlestückchen aus dem Ofen holte, freuten wir Kinder uns umso mehr: Nun wurde geräuchert.

Meine Oma sammelte damals ihre Teekräuter selbst und bewahrte sie in Gläsern auf. Die Kräuter für die Räuchermischungen hatten ihr eigenes besonderes Glas. Neben Fichtenharz und Tannennadeln enthielt es auch Holunder und Wacholderbeeren, die Großmutter gern mit Fichtenharz in einer Räuchermischung kombinierte. An die genaue Zusammensetzung kann ich mich nicht mehr erinnern. Ich verwende heute getrocknete Holunderblüten, die sehr lieblich und klärend wirken. Außerdem wirkt der Rauch der Blüten aufhellend.

> In meine eigene **Räuchermischung** kommen zu gleichen Teilen getrocknete Holunderblüten, Königskerzenblüten, Beifuß und Rosenblüten sowie ein halber Teil Salbei und ein Hauch Tonkabohne. Diese Mischung wird in trüben Lebenssituationen oder bei dunklen Gedanken auf einem Stövchen oder auf Räucherkohle verräuchert.

Da der Holunder ein Schwellenbaum ist, über den man Zugang zu anderen Welten und den verstorbenen Ahnen bekommt, kann man bei dieser Räucherung um Rat fragen und um Heilung bitten. Ob meine Großmutter dieses Ziel verfolgte, weiß ich nicht. Ich kann mich nur daran erinnern, wie sich der Duft im Zimmer ausbreitete und wir alle wie beseelt davon waren. Viel früher, zu Zeiten der Kelten und Germanen brachte man dem „Hollerbusch" Opfer dar. Frau Holda, auch Frau Percht genannt, war die Hüterin von Haus und Hof, die Heilerin, aber auch die Gerechte und Weise, die Gutes belohnte und Böses bestrafte. Wir kennen Sie als Frau Holle, die alte Baumgöttin aus dem Märchen der Gebrüder Grimm. Auch hier belohnt sie die fleißige Goldmarie und bestraft die faule Pechmarie. In manchen Gegenden hieß es: „Vor dem Holunder muss man den Hut ziehen", so groß war die Verehrung. Krankheiten wurden dem Hollerbusch übergeben, indem man farbige Bänder an seine Zweige band und die Göttin bat, die Krankheit zu bannen. Besonders in der Zeit der Raunächte opferte man Schälchen mit Milch und legte Äpfel oder Brot unter dem Hollerbusch ab. So ranken sich viele Mythen und Sagen um den heilkräftigen Busch.

JOHANNISKRAUT

Wenn die Sonne im Juni ihren höchsten Stand erreicht und intensiv und hell die Erde bescheint, spürt man die unbändige Kraft in der Natur. Das Wachstum der Pflanzen explodiert, die Lebenskraft von Mensch und Tier scheint unversiegbar. Die Pflanzen wachsen jetzt nicht mehr nur nach oben, wie im Frühjahr, sondern zeigen sich in ihrer ganzen Fülle. Ihre Blüten, eine Palette leuchtender Farben, beherrschen die Sommerzeit. Alles strahlt von Weiß, Gelb und Orange über Rot bis zu Lila und Blau. Ein Fest für Augen und Nase ist gerade diese Hochzeit des Lichts.

Zu den wichtigsten Pflanzen dieser Zeit gehört das Johanniskraut. Es ist eine der heute wohl am besten untersuchten Heilpflanzen. Die Sonnenpflanze hat sich zu einer Zeitgeistpflanze aufgeschwungen. Sie hilft bei Erkrankungen unserer schnelllebigen und stressigen Zeit und obwohl es genügend Standardpräparate gibt, sind eigene Zubereitungen sehr beliebt und gehören in jede Hausapotheke.

„Es gibt keine andere Arznei in allen Rezepten,
die ohne Schaden und ohne Zufälle so ganz und gut heilt
wie diese Perforata.
Es ist nicht möglich, dass eine bessere Arznei für Wunden
in allen Ländern gefunden wird.“

Paracelsus „Von den natürlichen Dingen“ 1525

PFLANZENSTECKBRIEF

Name: Der wissenschaftliche Name des Echten Johanniskrauts lautet *Hypericum perforatum*. Für seine Herkunft gibt es mehrere Deutungen. So meint man, der Gattungsname *Hypericum* stamme von dem griechischen Wort *hyperikon* ab, was sich auf die antidämonische und geisterabwehrende Wirkung des Krauts beziehe. Es gibt auch andere Deutungen, die im weitesten Sinne auf seine Wirkung bei Ängsten und Depressionen hinweisen. Beim Artnamen *perforatum* ist man sich hingegen einig. Er deutet auf die „Löcher", die weißen Pünktchen in den Blättern der Pflanze hin. Diese Löcher haben ihm den deutschen Namen Tüpfel-Johanniskraut eingebracht.

Pflanzenfamilie: Hartheugewächse (Hypericaceae)

Volksnamen: Bettstroh, Blutkraut, Hartheu, Jageteufel, Sonnenwendkraut, Teufelsflucht, Wundkraut.

Erkennen: Aus dem holzigen, verästelten Wurzelstock des Echten Johanniskrauts treiben im Frühjahr mehrere Stängel empor. Zuerst noch weich, werden sie zur Blütezeit recht hart, daher der Name Hartheu. Der Stängel ist etwa 30–80 cm hoch, rund und mit Mark gefüllt. Er hat im Unterschied zu anderen Johanniskrautarten an den Seiten zwei herablaufende Leisten, die erhaben sind und man daher deutlich spüren kann. Im oberen Teil verzweigt sich der Stängel. Die kleinen stiellosen, eiförmigen Blätter sitzen gegenständig am Stängel. Wenn man sie gegen das Licht hält, entdeckt man darin kleine, helle Pünktchen. Die gelben Blüten, die am Ende der Äste in Trugdolen stehen, ähneln mit ihren strahlenartigen Staubblättern kleinen Sonnen. Sie haben fünf lanzettliche Kelchblätter und fünf doppelt so lange Kronblätter.
Johanniskraut liebt trockene, sonnige Waldränder und Böschungen.

Verwechsler: Dieses Johanniskraut kann verwechselt werden mit anderen Johanniskrautarten. Weltweit gibt es etwa 600 bis über 1000 Johanniskrautarten. Hierzulande kommen 10 Arten mit 5 Unterarten vor. Das Echte Johanniskraut ist eindeutig zu erkennen an den deutlich spürbaren, beiderseits des unbehaarten Stängels herablaufenden Leisten sowie an den Öldrüsen, die als helle Punkte auf den Blättern erscheinen. Die Ränder der Blütenblätter tragen hingegen dunkle Pünktchen. Zerdrückt man die Knospen oder Blüten zwischen den Fingern, quillt ein roter Saft hervor. Andere Johanniskrautarten enthalten ähnliche Wirkstoffe, nur in abgeschwächter Form, und sind deshalb nicht so heilkräftig.

Sammeln: Die Stiele, Blätter und Blüten können für Heilanwendungen ab Juni bis September geerntet werden.

Anwenden: Die Kommission E empfiehlt das Johanniskraut bei psychovegetativen Störungen, depressiven Verstimmungen, Ängsten, nervöser Unruhe sowie dyspeptischen Beschwerden, in der Nachbehandlung von Verletzungen, bei Myalgien und Verbrennungen ersten Grades.

FRÜHJAHR

Sobald die ersten Frühlingsboten Einzug halten, bin ich in Wäldern und auf Wiesen unterwegs und schaue, ob sich meine Kräuterfreunde zeigen. Ich kann es kaum erwarten, sie willkommen zu heißen, und freue mich sehr über ihren Anblick. Nicht alle jungen Pflänzchen wagen sich schon so zeitig aus dem warmen Boden. Einige gehen lieber auf Nummer sicher und warten noch etwas ab. Relativ zeitig treibt das Johanniskraut an geschützten Stellen zarte, weiche grüne Stängel mit kleinen eiförmigen Blättchen aus der Erde. Dieses junge Grün verarbeite ich frisch zu gesunder Vitalkost. Zusammen mit anderen Kräutern passen sie gut in Kräuterquark, -butter oder -salz oder in Pestovarianten. Ein deutlicher Eigengeschmack fehlt dem jungen Johanniskraut, aber es ist angefüllt mit wertvollen Inhaltsstoffen wie dem Chlorophyll. Über das Chlorophyll der Johanniskrautblätter gelangt die Kraft des Sonnenlichts auch in unsere Zellen. Das Chlorophyllmolekül ist unserem roten Blutfarbstoff sehr ähnlich. Es unterscheidet sich nur durch ein winziges Atom. Das Zentralatom im Chlorophyll ist Magnesium, das im Hämoglobin, unserem roten Blutfarbstoff, ist Eisen. Stehen also genügend rohe grüne Pflanzen auf dem Speiseplan, frischt man ganz nebenbei sein Blut auf. Im Umkehrschluss bedeutet dies, dass unser Blut,

wenn wir genügend lebendiges Blattgrün essen, in der Lage ist, mehr und besser Sauerstoff zu transportieren. Der Mineralgehalt des Grüns sorgt für einen basischen Stoffwechsel, davon profitiert wiederum unsere Darmflora. So beugt das Chlorophyll vielen unserer Zivilisationserkrankungen vor und kann die gesamte Sammelzeit über genutzt werden.

SOMMER

Das Johanniskraut ist eine typische Sonnenpflanze, die uns erst im Sommer ihre volle Kraft offenbart. Pünktlich wenn die Sonne am 21. Juni ihren Höchststand erreicht, beginnt seine Blüte. Das alte heidnische Sonnenfest wurde später auf den 24. Juni verlegt, den Johannistag. Schaut man sich in dieser Zeit in der Natur um, entdeckt man das Johanniskraut an Wegrändern, sonnigen Hängen oder auf trockenen Wiesen. Wenn es nicht bereits erblüht ist, wartet es mit dicken Knospen auf den richtigen Moment, seine leuchtenden Sonnenräder ins Licht zu strecken. An den Rändern der gelben Blütenknospen erkennt man bei genauerem Betrachten dunkle Pünktchen, die zunächst wie Verunreinigungen aussehen. In diesen Drüsen finden sich die Hypericine. Hypericine sind die färbenden Bestandteile des roten Pflanzensafts, der ein wesentlicher Bestandteil im Johanniskraut ist. Zerdrückt man die Knospen zwischen den Fingern, quillt er hervor. Jetzt können Sie mit der Ernte des Johanniskrauts beginnen. Möchten Sie das Kraut für Tee trocknen, ernten Sie den gesamten oberirdischen Teil der Pflanze. Das Hypericin sitzt vorwiegend in den Knospen und Blüten, aber das Johanniskraut hat noch andere wertvolle Inhaltsstoffe, die die Ge-

samtwirkung beeinflussen. Schneiden Sie das Kraut im unteren Drittel ab, binden es zu kleinen Sträußchen und trocknen diese kopfüber an einem Faden aufgehängt. Ist das Johanniskraut rascheltrocken, rebeln Sie Blätter und Blüten vom Stängel und bewahren sie lichtgeschützt auf. Johanniskraut fängt das Sonnenlicht ein und gibt es an unseren Körper wieder ab, was bei dunklen Gemütszuständen jede unserer Zellen hell durchflutet. Es wirkt sanft euphorisierend und schmerzlindernd sowie blutbildend. Johanniskraut trägt nicht umsonst den Namen „Arnika der Nerven".

> Für einen **Johanniskrauttee** gieße ich 1 Tasse kochendes Wasser über 1 TL frisches oder getrocknetes Johanniskraut und lasse den Tee etwa 7 Minuten ziehen. Ich trinke 3 Tassen Tee pro Tag mindestens 6 Wochen lang.

Der Wirkstoff Hypericin, der rote Pflanzensaft, und die Flavonoide (besonders Rutin) werden für die antidepressive Wirkung des Krauts verantwortlich gemacht. Sie haben Einfluss auf den Serotoningehalt im Blut. Durch unterschiedlich starke Sonneneinstrahlung schwankt der Gehalt an Hypericin jedoch stark.

Für die alternative Behandlung von Depressionen wurde das Johanniskraut gründlich untersucht. Allerdings sind die genauen Wirkmechanismen bis heute nicht bekannt. Heilpflanzen sind immer Kompositionen aus vielen unterschiedlichen Wirkstoffen. Die Vielfalt und Unterschiedlichkeit der Art, wie sie einander in der Wirkung unterstützen oder puffern, ist immer einzigartig. Johanniskraut kann sehr erfolgreich bei psychovegetativen Störungen, depressiver Verstimmung, Burnout-Syndrom, nervöser Unruhe, Erschöpfung, Migräne, Schlafstörungen und als Tonikum bei Schwächezuständen eingesetzt werden.

Standardpräparate sind genauso wirksam wie synthetische Antidepressiva, vor allem aber sind sie besser verträglich. Gleichzeitig zeigen Praxisstudien, dass Johanniskraut auch die körperlichen Begleitsymptome wie Kopfschmerzen, Magenbeschwerden, Rückenschmerzen und Herzbeschwerden deutlich lindert. Wer jedoch mit solchen Krankheitsbildern in Behandlung ist und Antidepressiva einnimmt, darf diese nicht einfach absetzten oder Johanniskrautpräparate zusätzlich einnehmen. Denn in der Folge könnte sich das Krankheitsbild verschlimmern. Bitte besprechen Sie solche geplanten Wechsel immer mit ihrem Arzt oder Heilpraktiker.

In der Kinderheilkunde setzt man den Tee bei bestimmten Erkrankungen, besonders bei überforderten Schulkindern, Kindern mit Konzentrations-

störungen, innerer Unruhe und Hyperaktivität sowie bei Sprachstörungen ein. Er hat positive Wirkungen auf das vegetative Nervensystem. Für jüngere Schulkinder bereiten Sie den Kräutertee entsprechend sanfter zu, und zwar ½ TL Kraut pro Tasse. Jugendliche über 14 Jahren können den Tee nach oben genannter Rezeptur (siehe Seite 71) trinken.
Astrologisch ist das Johanniskraut der Sonne zugeordnet. Sonnenpflanzen sind aus astromedizinischer Sicht zur Ich-Stärkung geeignet. Schon früh erkannte man hier, dass Sonnenpflanzen wie das Johanniskraut ihrem Wesen nach die Seele erwärmen und krank machende, dunkle Störungen im Körper mit Licht durchfluten können.
Haben Sie nach der Trocknung Blüten und Blätter vom Johanniskraut für Kräutertee abgerebelt, bleibt der Stängel übrig. Wie der Name „Hartheu“ schon erahnen lässt, ist er hart und zäh. Ich nutze die getrockneten Stängel als Rührstäbe für die Herstellung von Salben. Da das Johanniskraut eine magische Schutzpflanze ist, gebe ich auf diese Weise immer etwas Magie in meine Salben – das kann nicht schaden. Ein Pflanzenstängel eignet sich als Werkzeug für Heilpflanzenzubereitungen jedenfalls besser als

Gegenstände aus Metall. Hartheustängel sind also wie gemacht für solche Zwecke.
Paracelsus sah viele wohltuende Eigenschaften im Johanniskraut, das damals als eine Art Allheilmittel galt. So wurde es schon vor 500 Jahren als Medizin bei Depressionen, Hysterie und Melancholie eingesetzt. Man trug es als Amulett am Körper, füllte es in Kissen und verstreute es ums Haus, um sich vor dunklen Mächten zu schützen.
Die heute wohl bekannteste Möglichkeit, die Kräfte des Johanniskrauts anzuwenden, ist die Herstellung eines Johanniskrautöls.
Die Frage, ob das Johanniskrautöl nun sonnig oder doch dunkel stehen soll, ist in meinen Kursen immer wieder präsent und führt zu viel Verwirrung. Dazu liest man unterschiedliche Meinungen: Fest steht, dass wir neben vielen anderen Stoffen besonders Hypericin und Hyperforin ausziehen möchten. Hyperforin ist ein lichtempfindlicher Stoff, der aber eine 4–6-wöchige Besonnung bestens übersteht. Untersuchungen zeigen, dass dunkel ausgezogene Johanniskrautöle nur eine sehr geringe Konzentration an diesen beiden wichtigen Stoffen enthalten und somit nicht optimal wirken. Ich verwende mein leuchtend rotes „Zauberöl" bei sehr vielen unterschiedlichen Erkrankungen. Es wirkt schmerzlindernd, nervenberuhigend, nervenstärkend, stimmungsaufhellend, außerdem bei Wunden, Operationsnarben, Magenproblemen und kann noch so einiges mehr.

> Für das **Johanniskrautöl** sammle ich die gesamten blühenden Triebspitzen (Blüten, Knospen, Blätter und Samen) des Johanniskrauts. Ich gehe an einem trockenen Tag mit einem Körbchen und einer Schere auf die Wiese und schneide die oberen blühenden Pflanzenteile ab. So kann das Kraut wieder austreiben und später im Jahr ist eine weitere Ernte möglich. Es dürfen auch einige Blätter im Körbchen landen, wichtiger sind allerdings Blüten und Knospen. Die frischen Pflanzenteile gebe ich halbhoch in ein helles Glas und übergieße bis zum oberen Rand mit Bio-Oliven- oder Sonnenblumenöl. Danach stelle ich das Glas für 4–6 Wochen in die Sonne. Man muss sehr gut darauf achten, dass alle Pflanzenteile mit Öl bedeckt sind, sonst besteht die Gefahr des Schimmelns. Um das zu vermeiden, schütte ich die Pflanzen ohne Öl in das Glas und gebe ein wenig Alkohol (nur so viel, dass die Pflanzenteile etwas benetzt sind) darüber. Ich verschließe das Glas, schüttle kräftig und lasse die Johanniskrautteile für etwa 1–2 Stunden ziehen. Erst jetzt gieße ich das Öl darüber. Nach und nach färbt sich das Öl leuchtend rot, daher auch der Name Rotöl. Nach der Ausziehzeit abfiltern und dunkel stellen. Das Öl ist circa 1 Jahr haltbar.

Bei stumpfen Verletzungen wie Prellungen und Quetschungen beugt es im Gewebe dem lokalen Schock vor und reguliert gleichzeitig die Heilung. Ich habe gute Erfahrungen in der Anwendung von Johanniskrautöl gemacht. Eine Einreibung mit Rotöl kann bei Verletzungen anfangs alle paar Stunden wiederholt werden. Bei Bandscheibenbeschwerden, Rückenschmerzen, Muskelkater und Rheuma reibe ich die betroffenen Körperteile mindestens 2–3-mal täglich damit ein. Rotöl wirkt schmerzlindernd und pflegend. Auch bei Borreliose mit Gelenksbeschwerden sowie bei Arthrose oder Arthritis verschafft das Öl deutliche Linderung. Nicht umsonst nennt man es auch „Nervenöl". Immer dann, wenn Nervenbahnen betroffen sind, wie etwa bei Neuralgien, Ischialgien, Verspannungen im Schulter-Nackenbereich, Hexenschuss, Nervenentzündungen oder Nervenverletzungen, kommt Johanniskrautöl zum Einsatz. Bei Trigeminusneuralgie, Neurosen und bei Gürtelrose wirkt es, äußerlich aufgetragen, schmerzlindernd und beruhigend. Bei Verbrennungen und Sonnenbrand kommt das Johanniskrautöl ebenso zum Einsatz. Verbrennungen werden in der Regel gekühlt, doch sobald die Hitze aus der Wunde ist, hat das Rotöl kühlenden Einfluss und nimmt den Schmerz. Zudem wirkt es durch seine Flavonoide entzündungshemmend. Eine Studie zeigt, wie schnell Verbrennungen abheilten, wenn sie mit den Ölzubereitungen des Johanniskrauts behandelt wurden. Wer sich solch ein Öl selbst herstellen möchte, kann das Johanniskraut zu diesem speziellen Zweck mit Leinöl ansetzen, das besonders günstig bei Verbrennungen wirkt.

Neben der Wirkung auf die Nerven setzt man das Johanniskraut schon lange als Wundheilmittel ein. Blättert man in alten Schriften, liest man immer wieder von der Signaturenlehre: Eine alte Lehre, bei der man vom Äußeren der Pflanze auf ihr Inneres, auf ihre Wirkung, schloss. Ich habe bereits die kleinen hellen Punkte auf den Blättern erwähnt. Hält man ein Johannniskrautblatt im Sommer gegen das Licht, hat man den Eindruck, es sei durchlöchert. Damals meinte man, der Teufel habe die Blätter mit seinem Dreizack aus Wut darüber zerstochen, dass die Pflanze so heilkräftig war. Heute wissen wir um die transparenten Öldrüsen, mit ihrem durchscheinenden Inhalt aus ätherischen Ölen und Harzen. Damals jedoch schloss man aus den vermeintlichen Wunden auf die Bedeutung des Johanniskrauts als Wundkraut besonders bei Verletzungen mit Hieb- und Stichwaffen.

Dieses alte Wissen und die Anwendung als modernes Wundheilmittel erklären wir heute anhand der Inhaltsstoffe. Nachweislich fördern die im Johanniskraut enthaltenen Gerbstoffe die Wundheilung wie auch die Narbenbildung. Die Flavonoide wirken entzündungshemmend und das Hyperforin besitzt antibakterielle Eigenschaften. Um die gesamte Menge an Hyperforin zu nutzen, ist der Erntezeitpunkt des Johanniskrauts entscheidend. Optimalerweise liegt er etwas später im Sommer, wenn die Pflanze neben den Knospen und Blüten auch schon braune Früchte (ihre Samenkapseln) angelegt hat. Diese Früchte gehören unbedingt mit in das Öl, gerade wenn Sie es für die Wundheilung zubereiten.

Offene Wunden oder Schürfwunden werden mit Johanniskrautöl eingerieben. Vorher können Sie die betroffenen Partien bereits mit Johanniskrauttee säubern. Ein Auszugsöl auf eine offene Wunde zu geben mag sich im ersten Moment recht abenteuerlich anhören, aber die wundheilenden und antibakteriellen Wirkstoffe des Johanniskrauts machen es möglich. Das in großen Anteilen im Johanniskraut enthaltene Hyperforin wirkt wie die bekannten Antibiotika gegen multiresistente Staphylokokken. Es unterstützt zudem die Hautbarriere und fördert die Wundheilung. So kann schon kurz nach einer Verletzung oder einer Operation mit der Narbenpflege begonnen werden. Das Rotöl sorgt dafür, dass die Narbe von Anfang an keimfrei bleibt, zügig abheilt, weich wird und rasch verblasst. Auch bei alten, schlecht heilenden Wunden und festen, dicken Narben wird das Öl sanft einmassiert.

Als ich mit den Arbeiten an diesem Buch begann, hatte ich einen kleinen Fahrradunfall. Nichts Schlimmes, nur eine kleinere Schürfwunde am Handrücken. Nachdem zunächst die Wunde gut verheilte, entzündete sie sich mit einem Mal. Die Wundränder waren plötzlich stark gerötet und geschwollen und verursachten Schmerzen. Nachdem ich die Wunde gekühlt hatte und allerlei Hausmittelchen keinen Erfolg brachten, erinnerte ich mich an das Rotöl. Ich gab einige Tropfen auf die Wunde, und schon nach kurzer Zeit ließ der Schmerz merklich nach, die Schwellung ging zurück und die Eiterbildung verschwand. Mehrmals täglich pflegte ich die Wunde mit dem Öl und nach kurzer Zeit erinnerte nur noch eine helle rote Linie an den kleinen Unfall.

Sogar in der Pflege bettlägriger Patienten kommt das Öl zum Einsatz. Haben sich Patienten wund gelegen, säubert man die Wunde mit lauwarmem Johanniskrauttee. Sobald die Wunde sauber und etwas abgetrocknet ist, kann man sie mit dem Johanniskrautöl bestreichen.

Statt die Wunde mit dem Rotöl zu bestreichen, können Sie das Öl auch in Form einer Auflage verwenden.

Rotöl

Für die **Johanniskrautauflage** benötigen Sie ein kleines Leinentuch, das Sie mit Johanniskrautöl tränken. Zwischen zwei Pergamentpapierbögen und zwei Wärmflaschen wird das Leinentuch erwärmt. Danach legen Sie dieses auf die Haut, decken mit einem Handtuch und einer Wolldecke ab und wärmen die Stelle zusätzlich mit einer Wärmflasche.

Trockene, schuppige, juckende oder entzündete Hautpartien, wie sie bei Schuppenflechte oder Neurodermitis entstehen, können Sie ebenfalls mit Johanniskrautöl einreiben. Das antibiotisch wirkende Hyperforin unterstützt die Heilung und verbessert die Widerstandsfähigkeit der Haut.

Ist Ihnen der Ölauszug zu flüssig, können Sie auch eine **Rotölsalbe** aus dem Öl zubereiten. Erhitzen Sie dazu 15–20 g Bienenwachs sanft in einem Topf mit 100 ml Rotöl, bis das Wachs zu schmelzen beginnt. Ist es vollständig geschmolzen, geben Sie die noch flüssige Salbe in Salbendöschen. Verschließen Sie die Döschen erst, wenn die Salbe erkaltet ist. Kühl ist die Salbe etwa ein Jahr haltbar und kann genau wie das Öl angewendet werden.

Ich verwende das Johanniskrautöl sogar bei Halsschmerzen und Schluckbeschwerden. Dafür gebe ich mehrmals täglich 2–3 Tropfen des Öls auf ein Stück Würfelzucker oder einen Löffel Honig und lasse es langsam im Mund zergehen. Genauso hilft man sich bei Magenbeschwerden und nervösen Leiden. Bei Kindern und Erwachsenen können sanfte Massagen mit dem Öl Bauchweh stoppen. Bei all diesen Erkrankungen wird zusätzlich 3-mal täglich Johanniskrauttee getrunken.
Das Öl vom Johanniskraut wird auch unterstützend in der Behandlung bettnässender Kinder empfohlen. So gibt man den Kindern 1 Tasse dünn gekochten Johanniskrauttee am Nachmittag und reibt am Abend oberhalb des Steißbeines mit kreisenden Bewegungen das rote Öl ein.
Schon vor langer Zeit hielt das Johanniskraut Einzug in die Frauenheilkunde. So gehörte es als magische Schutzpflanze in die Maria-Bettstroh-Mischung unserer Ahninnen. Solche magischen Pflanzen, zu denen auch Beifuß, Arnika und Holunder zählen, standen bei unseren Vorfahren hoch im Kurs. So füllte man nicht nur die Betten der Gebärenden mit den heilenden und segenspendenden Kräutern. Sieben oder neun dieser Pflanzen (die Magie der Zahl war wichtig) schmückten als Kranz, Girlande oder Bündel Häuser und Scheunen, um diese samt ihren Bewohnern vor Zaubereien, Unholden und Schlechtwetter zu schützen.

Noch heute verwendet man das Johanniskraut für eine gute Schwangerschaft und Geburt. Vor der Entbindung wird der Dammbereich kräftig mit dem Rotöl massiert. Das stärkt das Gewebe und hält es geschmeidig. Ein Dammriss oder Dammschnitt pflegt man dann so bald als möglich mehrmals täglich mit dem Öl. Auch bei der Versorgung einer Kaiserschnittnarbe findet das Öl Anwendung. Es verhindert das Eindringen von Keimen in die Wunde, fördert eine rasche Heilung und sorgt dafür, dass die Narbe weich und geschmeidig bleibt.

Manche Frauen leiden nach einer Entbindung unter dem sogenannten Wochenbett-Blues, der durch den enormen hormonellen Wechsel ausgelöst werden kann. Hier ist das Johanniskraut mit seiner stimmungsaufhellenden Wirkung die beste Pflanze. Der jungen Mutter kann eine Teemischung aus Johanniskraut, Frauenmantel und Melisse helfen.

> Ein Rezept für einen entspannenden und stimmungsaufhellenden **Wochenbetttee** mische ich aus jeweils gleichen Teilen Johanniskraut, Frauenmantel und Melisse. 1 TL davon übergieße ich mit heißem Wasser und lasse für 7 Minuten ziehen. Von dem Tee trinkt man 3-mal täglich 1 Tasse.

Durch seine antibakterielle und entzündungshemmende Wirkung hilft das Öl zudem bei Infektionen im Vaginalbereich. Leiden Frauen unter starkem Juckreiz im äußeren Scheidenbereich sowie unter stark geröteter Haut, werden diese Bereiche mit dem schmerzlindernden und juckreizstillenden Öl eingerieben. Waschungen und Sitzbäder mit Johanniskrauttee wirken zusätzlich unterstützend. Aber auch für die Gesundheit der Brust ist das Johanniskraut bekannt. So schreibt Susun Weed (2005) in ihrem Buch „Brustgesundheit", das Johanniskraut sei die beste Verbündete bei Brustoperationen. Sie lobt seine schmerzlindernde und angstlösende Wirkung. Weiterhin berichtet sie über die abschwellende Wirkung bei vergrößerten Lymphdrüsen und betont die keimhemmende und antivirale Wirkung.
Sie rät zur Einnahme von bis zu 10-mal täglich 20–25 Tropfen einer Johanniskrauttinktur. Ich persönlich finde das fast ein wenig viel. Mir würden 3–4-mal täglich 20–30 Tropfen genügen.

> Solch eine **Johanniskrauttinktur** ist einfach herzustellen. Ich sammle hierfür die Blüten, Blätter und Knospen des Krauts, gebe sie zu gut ⅔ in ein helles Glas und übergieße mit 38%igem Korn. Danach stelle ich das Glas an einen sonnigen Platz und schüttle täglich. Die Tinktur wird sich rasch rot verfärben. Nach circa 2–3 Wochen ist die Tinktur fertig, dann kann sie abgefiltert und in dunkle Fläschchen gefüllt werden.

Nach einer Brustoperation hilft das Johanniskrautöl (Seite 73) auch äußerlich bei Muskel- oder Nervenschmerzen, bei Überempfindlichkeit und Spannungen im Oberkörper sowie an der Brust oder in den Achselhöhlen. Es lindert Phantomschmerzen und Spannungsgefühl.
Seinem Ruf als gutes Nervenmittel wird es auch in den Wechseljahren einer Frau gerecht. Bei Stimmungsschwankungen wirkt es hier mild antidepressiv und angstlösend. Zusätzlich fördert es durch seine beruhigende Wirkung den Schlaf. 3 Tassen Tee am Tag oder 10 Tropfen der Tinktur am Abend können eingenommen werden. Bei Schlafstörungen reichern Sie den Johanniskrauttee mit Hopfen, Waldmeister oder Lavendelblüten an.

Ein bekanntes Heilmittel bei Schlafstörungen oder innerer Unruhe sind Kräuterkissen.

Für die Herstellung eines **Kräuterkissens** fülle ich kleine Leinensäckchen locker mit einer Mischung duftender Kräuter. Die getrockneten Pflanzen, im Sommer geerntet, zerkleinere ich vor dem Einfüllen. Damit die Pflanzenteile sich nicht durchdrücken, gebe ich je nach Zusammensetzung der Mischung Wolle mit hinein. In ein Schlafkissen können Sie zum Johanniskraut noch Hopfenzapfen, Lavendel, Waldmeister oder Rosenblütenblätter geben.

Neben den messbaren Inhaltsstoffen enthält jede Pflanze auch feinstoffliche Kräfte. Sie wirken besonders als Seelenmedizin. Dr. Bach, der Begründer der Bachblütentherapie, nutzte diese sanften Kräfte, die sich ohne Nebenwirkungen entfalten können.
Zur Einnahme verdünnen Sie die folgende Blütenessenz. Nehmen Sie dazu ein neues Fläschchen, geben zur Hälfte Quellwasser hinein, füllen die andere Hälfte mit Alkohol auf und geben nun 1 Tropfen der Essenz (auf 10 ml Fassungsvermögen) hinzu. Diese Blütenessenz hilft bei Ängsten, düsteren, unguten Gedanken, bei Ängsten des Nachts und wenn man das Gefühl hat, das Licht am Ende eines Tunnels nicht mehr zu sehen. Blütenessenzen sind die optimale Methode zur Behandlung von Kindern und Schwangeren. Sie sind absolut nebenwirkungsfrei. Auch in der Tierheilkunde zeigen sie ihre große Kraft.

Solche **Blütenessenzen** herzustellen ist einfach und Sie sollten ihren Einfluss unbedingt ausprobieren. Sie werden erstaunt sein, wie wunderbar sanft solche Blütenessenzen wirken. Geben Sie Quellwasser in eine Glas- oder Kristallschale und dazu einige frische Blüten des Johanniskrauts. Um die Blüten in die Schale zu legen, müssen Sie die Pflanze gar nicht pflücken. Meist kann man einen Zweig einfach umbiegen. Die Blüten sollen nur vom Wasser umgeben sein. Nun bleibt die Schale mit dem Wasser und der Pflanze für mindestens 3–4 Stunden in der Sonne stehen. Wichtig ist, dass die Sonne die Mischung immer bescheint, nur so können die feinstofflichen Kräfte des Johanniskrauts in das Wasser übertragen werden. Sollten sich Wolken am Himmel zeigen, verschieben Sie die Herstellung auf einen anderen Tag. Anschließend nehmen Sie die Pflanze aus dem Wasser und füllen ein kleines Fläschchen halb hoch mit der Essenz und den Rest zur Haltbarmachung mit Alkohol auf.

Da das Johanniskraut wohl die am besten untersuchte Heilpflanze ist und man immer wieder von Nebenwirkungen hört, möchte ich mich dem Thema hier noch einmal widmen. Mit steigender Menge des Wirkstoffs Hypericin im Präparat nehmen auch die Nebenwirkungen zu. Deshalb gibt es empfohlene Tagesmengen bei Standardpräparaten aus Johanniskraut. Wenn wir aber in der Kräuterkunde Tee, Öl oder Tinktur herstellen, nutzen wir immer die gesamte Pflanze und nicht nur einzelne Wirkstoffe. Daher sind die Nebenwirkungen sehr gering. Denn Auszüge aus der gesamten Pflanze ziehen nie nur einen Wirkstoff aus. Vielmehr puffern sich die vielen Inhaltsstoffe der Heilpflanzen gegenseitig. Durch einfache Anwendungen ist es also kaum möglich, so hohe Wirkstoffmengen aufzunehmen, dass Nebenwirkungen auftreten und womöglich problematisch werden. Trotz alledem ist jeder Mensch anders und wir sollten Veränderungen in unserem Körper, die uns bei der Anwendung von Heilpflanzen auffallen, immer ernst nehmen. Ich persönlich habe in mehr als 20 Jahren Kräuterkunde noch keine Nebenwirkung wie etwa eine erhöhte Lichtempfindlichkeit der Haut bei der Anwendung von Tee oder Öl feststellen können.
Immer wieder liest man auch über Wechselwirkungen des Johanniskrauts mit der Pille. Hebt Johanniskraut deren Wirkung auf? Hierzu wurde viel geforscht. Momentan geht man davon aus, dass Johanniskraut die

Wirkung der Pille nicht beeinträchtigt. Manche Frauen klagen bei der Einnahme von Standardpräparaten über Zwischenblutungen. Es gibt verschiedene kleinere Studien zu diesem Thema, aber alle kamen zu dem gleichen Schluss: Die Wirkung der Pille blieb in diesen Fällen erhalten.
Weiterhin hat man festgestellt, dass das Johanniskraut die Wirkung lebenswichtiger Medikamente mindern kann, zum Beispiel im Fall hochwirksamer Arzneimittel, die AIDS-Patienten oder auch Menschen bei Organtransplantationen einnehmen müssen. Grundsätzlich sollte die Anwendung von Johanniskrautpräparaten immer vorher mit dem Arzt oder Heilpraktiker besprochen werden. Kommt es zu Problemen, müssen die Johanniskrautpräparate abgesetzt werden. In der Schwangerschaft und Stillzeit wird ebenfalls von einer Einnahme abgeraten, zumindest sollten Sie dies immer mit dem behandelnden Arzt besprechen. Grundsätzlich können Johanniskrautpräparate mit anderen Medikamenten interagieren und dadurch Nebenwirkungen auftreten. Noch hat das Johanniskraut, trotz bester Untersuchungen nicht alle seine Geheimnisse preisgegeben.

HERBST

Bis in den September hinein blüht das Johanniskraut. Seine Haupterntezeit hat es dann längst überschritten. Wenn ich am Wegesrand die abgeblühten Johanniskraut-Blütenstände betrachte, ist zu spüren, der Herbst ist nicht mehr weit. Die hübschen gelb leuchtenden Blütenblätter haben sich jetzt in braune, fast pergamentartig aussehende, trockene Blätter zusammengerollt, die schützend die Samen umgeben. Und obwohl sie fast abgestorben sind, gehen wundersame Dinge in ihnen vor. Ganz in Ruhe reifen die Samen in ihnen heran. Sind sie ausgereift, öffnet sich die Samenkapsel fast tütenartig und gibt die vielen kleinen dunkelbrauen Samen frei. Wartend ruhen sie dann den ganzen Winter über in der Erde, ehe im Frühjahr ein neuer Johanniskrautzyklus beginnt. Im Mittelalter hat man die Samen gedörrt und gemörsert gegen Gicht und andere Schmerzen am Bewegungsapparat mit Wein getrunken. Heute finden sie keine Anwendung mehr.
Die Sonnenpflanze Johanniskraut verliert nun, wenn die Sonne immer weniger zu sehen ist, ihre Kraft. Die unteren Blätter verfärben sich mehr und mehr, die Stängel werden langsam kahl. Jetzt wäre die Zeit der Wurzelernte gekommen. Doch auch die Wurzeln des Johanniskrautes spielen heute keine Rolle mehr.

Das getrocknete Johanniskraut ist jedoch eine wichtige Räucherpflanze. Es verhilft uns zu Licht, Sonne und Wärme. Seinen Platz hat es in Räuchermischungen zur Stimmungsaufhellung. Der Rauch des Johanniskrauts zieht die dunklen Schleier von der Seele und bringt Wärme in unseren Körper und in Räume.

> Eine gute **Räuchermischung** zeichnet aus, dass Kräuter und Harze immer in einem guten Verhältnis stehen. So passen zu 2 Teilen Johanniskrautblüten, je 1 Teil Rosen- und Königskerzenblüten und je ½ Teil Salbei und Mastixharz. Diese Mischung verbrennen Sie auf glühenden Räucherkohlen. Beim sanften Räuchern geben Sie die Räucherkräuter auf ein Sieb, das auf einem Stövchen mit Teelicht liegt. Statt zu verbrennen, werden die Kräuter hier sanft verduftet.

Ähnliche Anwendungen sind von Duftlampen bekannt. Hier schwimmen die ätherischen Öle in einer mit Wasser gefüllten Schale. Der Schale entspricht beim Verduften das Räuchersieb. Die Kraft des Johanniskrauts verteilt sich so sanft im Raum und sorgt für ein gutes Raumklima. So ist das Johanniskraut bis in den Winter hinein eine Pflanze, die unseren Körper mit Licht und Wärme verwöhnt. Es hilft uns auch in schwierigen Lebensphasen, Licht zu spüren und zu sehen.

LÖWENZAHN

Wenn die Wiesen im Mai erblühen und ich in dieser Zeit aus meinem Bürofenster blicke, dann baut sich in mir eine Spannung auf. Jeden Tag schaue ich, ob das leuchtende Schauspiel nun beginnt. In einem unverschämten Gelb erwachen sie, die Blütenköpfe des Löwenzahns. Hunderte von ihnen erfreuen dann meine Augen. Da stehen sie aufrecht und schauen der Sonne entgegen, als ob sie von ihr geschickt wurden. Ich freue mich in der Blütezeit des Löwenzahns über jeden Sonnentag, denn bei Regen öffnet er seine Blüten nicht.

„Löwenzahn –
da lachen Galle, Leber, Magen, Niere –
alle sind für seine Kräfte offen,
dürfen auf Genesung hoffen.“

Volksmund

Nicht für jeden von uns ist der Löwenzahn so eine Freude wie für mich. Manche ziehen ihn nur als störendes Unkraut aus den Beeten, ohne zu ahnen, welch vorzügliche Heilpflanze in ihm steckt. Vielleicht kann ich dazu beitragen, dass er einen Platz in Ihrem Garten und in Ihrem Herzen findet.

PFLANZENSTECKBRIEF

Name: Der Löwenzahn heißt mit wissenschaftlichen Namen *Taraxacum officinale*. Die Herkunft des Namens ist nicht genau geklärt. Möglicherweise leitet sich der Gattungsname vom griechischen *taraxacis* und *akos* ab, was so viel bedeutet wie „Heilmittel" oder „ich heile Entzündungen". Der zweite Teil des Namens *officinale* ist ein Hinweis darauf, dass der Löwenzahn als „offizinelle Heilpflanze" im *officina* (der Apotheke) erhältlich war. Der deutsche Pflanzenname Löwenzahn geht zurück auf die Form der Blätter mit ihren großen spitzen Zähnen.
Pflanzenfamilie: Korbblütengewächse (Asteraceae)
Volksnamen: Augenwurz, Blindblume, Kuhblume, Maistock, Milchpuschen, Pusteblume, Saudistel, Schweinsrösl.
Erkennen: Aus einer Blattrosette mit unterschiedlich gezahnten Blättern schiebt der Löwenzahn im Frühling einen dicken runden Stängel in die Höhe. Er ist hohl, ohne Blätter und verzweigt sich nicht. Dieser Stängel kann 20–30 cm hoch werden und trägt an seinem Ende das gelbe Blütenköpfchen. Die Stängel und auch die Blätter enthalten weißen, latexhaltigen Milchsaft, der entgegen manchem Unkenruf ungiftig ist. Obenauf sitzt dann seine pralle, gelbe Blüte, die sich aus 200–300 Zungenblüten zusammensetzt und von April bis Mai ihre volle Pracht entfaltet.
Wenn nach der Blüte die Samen reifen, verschließen die Hüllblätter das Sprossende und der länger werdende Stängel lässt das Blütenköpfchen traurig nach unten hängen. Sobald die Samen reif sind, hebt sich aber stolz das Köpfchen wieder. Jetzt entdeckt man die zauberhaft anmutende Kugel, ein wunderbar zartes Gebilde, bestehend aus vielen kleinen Sternchen, die auf dem gewölbten Blütenboden haften. Der Wind schickt so in jedem Jahr bis zu 3000 Samen aus jeder Pflanze in die Welt hinaus. Manchmal sieht man sie wie kleine Fallschirmchen im Wind über die Wiese tanzen. Aus der drallen, gelben Blüte zaubert die Natur solch filigranes Gespinst – das finden nicht nur Kinder wunderschön.
Der Löwenzahn hat eine kräftige Pfahlwurzel, die bis zu 1 m tief in die Erde eindringt und sich dadurch ziemlich fest verankern kann. Den weißen Milchsaft findet man sogar in der Wurzel.
Verwechsler: Der Löwenzahn kann im Frühjahr nicht verwechselt werden. Im Herbst kommt es manchmal zu Verwechslungen mit dem Herbstlöwenzahn, der aber keinen hohlen Stängel besitzt und wie der hier behandelte Gewöhnliche Löwenzahn ungiftig ist.
Sammeln: Vom Löwenzahn sind alle Pflanzenteile essbar. Wurzeln erntet man im Frühjahr und Herbst, die anderen Pflanzenteile im gesamten Jahresverlauf bis in den Winter hinein.
Anwenden: Nebenwirkungen sind nicht bekannt. Bei Gallensteinen oder anderen Gallenproblemen sollten Sie ihn nur nach Rücksprache mit dem Arzt anwenden.
Die Kommission E beschreibt ihn als Pflanze bei dyspeptischen Beschwerden.

FRÜHJAHR

Sobald der Schnee mit den ersten Sonnenstrahlen im Frühlingswind dahinschmilzt, finde ich auf den Wiesen die Blattrosetten des Löwenzahns, aus denen sich nach kurzer Zeit die ersten frischen Blättchen emporschieben. Noch bevor die Blättchen groß werden, ernte ich die Wurzeln des Löwenzahns, denn jetzt enthalten sie die meisten Bitterstoffe. Diese Bitterstoffe (hauptsächlich das Taraxin) helfen bei Verdauungsbeschwerden, Leber-Galle-Beschwerden, bei der Entgiftung und bei Rheuma. Wie der Name schon sagt, schmecken Bitterstoffe bitter. Sie regen die Verdauungssäfte an, lassen die Verdauungsdrüsen besser arbeiten, beleben das Gemüt, wenn man sich müde und erschöpft fühlt, und helfen bei Völlegefühl und Blähungen. Um an die Bitterstoffe und die anderen gesunden Inhaltsstoffe in den Wurzeln zu gelangen, wasche ich diese nach dem Ernten gut und verarbeite sie frisch oder getrocknet. Danach schneide ich sie in kleine Stücke und lege sie bei Zimmertemperatur zum Beispiel auf einem Stück Leinen aus. Nach dem Trocknen werden sie lichtgeschützt und trocken aufbewahrt.

Mit dem Wurzeltee wirken Sie übrigens den Symptomen der Frühjahrsmüdigkeit entgegen. Das ist keine Krankheit im eigentlichen Sinn, aber unser Körper braucht etwas Zeit, sich auf den Neubeginn des Jahreszyklus umzustellen, und möchte Ballast abwerfen. Mit dem Löwenzahn haben wir einen guten Helfer aus der Natur, der unser Hauptentgiftungsorgan, die Leber, kräftig unterstützt.

Bei Verdauungsbeschwerden greife ich zum **Löwenzahnwurzel-Tee**. Dafür übergieße ich 1–2 TL der frischen oder getrockneten Wurzelstücke mit 1 Tasse kaltem Wasser, koche die Mischung einmal auf und lasse sie etwa 10 Minuten sanft köcheln. Nach dem Abseihen trinke ich den Tee 2–3-mal täglich für 4–6 Wochen. Süßen Sie bitte den Tee des Löwenzahns nicht, Sie würden sonst die Wirkung der hochwirksamen Bitterstoffe aufheben.

Sobald die ersten jungen Blättchen aus der Blattrosette sprießen, können sie frisch gegessen werden. Sie schmecken leicht bitter und zugleich knackig und zart. Zusammen mit Vogelmiere und Giersch machen sie sich hervorragend in Smoothies und Salaten. Der Löwenzahn ist sehr nährstoffreich und enthält vor allem viele Vitamine. Neben Vitamin C (fast 10-mal mehr als im Kopfsalat!) findet man Vitamin A, D, E, K und die B-Vitamine. Zudem stellt er uns eine große Auswahl an Mineralstoffen zur Verfügung, die unserem Körper wohltun. Der hohe Kaliumgehalt gibt dem Löwenzahn seine wassertreibende und leicht abführende Wirkung. Er hat sich als gesundes Wildgemüse einen Namen gemacht und gehört in die Neunkräutersuppe. So kann er die gesunde Küche schmackhaft bereichern. Ganz besonders mag ich ihn in der Frühlingsküche.

Eine **Löwenzahnknospen-Pfanne** ist ein leckeres, leicht bitteres Gemüse – sehr gesund und gut bekömmlich. Dafür sammle ich 1–2 Hände geschlossene Löwenzahnknospen, die noch am Boden der Blattrosette liegen, und schwenke sie mit etwas Butter oder Olivenöl in einer Pfanne für ein paar Minuten an. Mit etwas Salz und Pfeffer gewürzt schmecken sie mir mit einem Butterbrot am besten. Eine Zwiebel oder etwas Parmesan machen aus diesem Wildkraut eine gesunde Köstlichkeit.

Aus den geschlossenen Knospen lassen sich auch wohlschmeckende **Löwenzahnoliven** herstellen. Dazu werden etwa 2 Handvoll Knospen in 1 TL Olivenöl in einer Pfanne rasch erhitzt und unter Rühren circa 4–6 Minuten angeröstet. Haben sich die Knospen dunkel verfärbt, etwas Salz und 2 EL Weißweinessig zugeben und rühren, bis die Flüssigkeit verdunstet ist.

So kann der Löwenzahn bei akuten und chronischen Verdauungsbeschwerden mit seinen Bitterstoffen und Enzymen, die ein Stimulans für den gesamten Zellstoffwechsel darstellen, die Verdauungssäfte wieder ins Fließen bringen und Leber und Niere anregen. Zusätzlich entlastet er die

Lymphe, reinigt den Darm und regt die Bauchspeicheldrüse an, Enzyme zu produzieren. Nicht umsonst wird er der Ginseng des Westens genannt: Der Löwenzahn weckt unsere Lebenskräfte. Die jungen Blätter sammle ich an einem sonnigen Tag für Tee, nachdem es einige Tage nicht geregnet hat. Die Ernte beginnt im Frühjahr und kann immer wieder im Jahresverlauf, zum Beispiel nach dem Mähen einer Wiese, erfolgen. Gehen Sie mitten hinein in die Wiese und achten Sie darauf, dass kein Morgentau mehr auf den Blättern liegt und sie nicht verunreinigt sind.

> Für einen **Löwenzahnblätter-Tee** übergießen Sie ½–1 TL frische oder getrocknete Löwenzahnblätter mit 1 Tasse kochendem Wasser und lassen ihn für etwa 7 Minuten ziehen.
> Bei chronischen Erkrankungen wird eine Teekur sanft einschleichend mit 1 Tasse Tee pro Tag begonnen und nach 2–3 Tagen auf zuerst 2 Tassen, bei guter Verträglichkeit dann auf 3 Tassen am Tag erhöht.

Haben Sie sich seine Blätter einmal genauer angeschaut? Kein einziges gleicht dem anderen – jedes ist ein Einzelstück. Steht der Löwenzahn sonnig (er liebt das Licht), sind die Blätter kleiner und stark gezahnt. An einem schattigen Standort allerdings bildet er größere, fast ganzrandige Blätter aus. Immer und immer wieder ist die Form der Blätter, ihre Größe ihre Zahnung völlig unterschiedlich.

Löwenzahnblätter-Tee wird nicht nur bei Verdauungsbeschwerden, sondern auch bei Übersäuerung eingesetzt. In der heutigen schnellen, hektischen Zeit ist es wichtiger denn je, auf einen gesunden Ausgleich des Säure-Basen-Haushaltes zu achten. Durch Stoffwechselprozesse entstehen im Körper immer wieder Säuren, die ein gesunder Mensch schnell neutralisieren kann. Durch zu viel tierisches Eiweiß, zu viel Zucker, Bewegungsmangel, Ärger, Aggression und Stress (die Liste der Ursachen ist lang) nimmt jedoch die Säure im Körper überhand und Bakterien und Viren finden ideale Bedingungen. Neben einer gesunden Ernährung mit Gemüse, Obst und viel Bewegung hilft auch hier der Löwenzahn. Morgens hilft 1 Tasse Löwenzahnblätter-Tee nüchtern für einen längeren Zeitraum von etwa 6–8 Wochen getrunken, den Körper zu entsäuern.

In der unterstützenden Behandlung von Rheuma, Arthrose, Gicht und anderen chronisch-degenerativen Gelenkserkrankungen hilft der Löwen-

zahn, die Stoffwechsellage deutlich zu verbessern. Gelenkbeschwerden nehmen ab, die Beweglichkeit nimmt zu und die angereicherten Stoffwechselprodukte werden über Niere und Leber abtransportiert und ausgeschieden. Sobald der Winter vorbei ist, beginnt man mit der Frühjahrskur. Fangen Sie langsam an und bauen nach und nach auf. Trinken Sie in den ersten Tagen jeweils 1 Tasse Löwenzahnblätter-Tee am Morgen. Wenn Sie ihn gut vertragen, erhöhen Sie die Dosierung langsam. Achten Sie dabei gut auf die Signale Ihres Körpers. Grundsätzlich sollten Sie, wenn Sie den Tee gut vertragen, für mindestens 6–8 Wochen 3 Tassen pro Tag trinken. Wenn Sie zusätzlich auf eine basische, an frischen Wildkräutern reiche Kost und eine größere Trinkmenge achten, sollten Sie schnell spüren, wie beweglich die Gelenke werden und wie schnell die Steifigkeit aus Ihren Gliedern weicht. Menschen mit degenerativ-chronischen Erkrankungen sollten diese Kur im Herbst noch einmal durchführen.

Rudolf Weiss (1991) berichtet sogar über Erfolge des Löwenzahns bei Bandscheibenbeschwerden, Hexenschuss und Ischiasschmerz. Er rät zu einer Wochenendkur. Trinken Sie dazu am Wochenende regelmäßig morgens 1 ganzen Liter Löwenzahntee aus Blättern und/oder Wurzeln schluckweise innerhalb einer Viertelstunde auf nüchternen Magen.

Die Wirkung des Löwenzahns auf die Entgiftungsorgane nutzt man auch für eine schöne Haut. Kombiniert mit Brennnessel empfehle ich ihn bei Pickeln, Ausschlägen und Hautjucken. Dazu passt, dass früher Waschungen mit Löwenzahn zu den Schönheitsmitteln von Frauen zählten. So wurden Abkochungen der Wurzel oder ein Aufguss der Blätter speziell für Augen und Gesicht verwendet.

Zumindest an den Wochenenden sollten Sie bei den genannten Krankheitsbildern morgens nüchtern den Tag mit 1 Liter Löwenzahnblätter- oder Löwenzahnwurzel-Tee beginnen. Da man den Körper so gut entgiftet, unterstützt diese Anwendung auch bei Neurodermitis oder Schuppenflechte. Beginnen Sie in diesem Fall sanft und einschleichend. Haben Sie sich an den Tee gewöhnt, können Sie die Kur ausprobieren.

Wem das nicht genug ist, der kann die Entgiftung mit Frischpresssäften (wie bei der Brennnessel auf Seite 36 beschrieben) unterstützen. Aber Vorsicht! Diese Säfte sind sehr konzentriert. Daher müssen sie immer mit Wasser oder Fencheltee verdünnt werden. Wichtig ist auch hier, einschleichend zu beginnen, da am Anfang viele Schadstoffe aus dem Körper gespült werden. Das kann zunächst zu Kopfschmerzen und Übelkeit führen. Auf eine zusätzliche Flüssigkeitszufuhr von mindestens 2 Litern Wasser sollten Sie daher achten. Wenn Sie Frischsäfte nicht selbst herstellen wollen, können Sie sie in Bioläden, Reformhäusern oder Apotheken kaufen.

Beim Studium alter Kräuterliteratur habe ich nicht viel über „Meister Löwenzahn“ gefunden. Im China des 7. Jahrhunderts wird er erwähnt. Hildegard von Bingen schweigt sich über ihn aus. Offenbar spielte er zu ihrer Zeit keine Rolle. Erst im 16. Jahrhundert taucht er in Aufzeichnungen von Kräuterkundigen auf. Er wird als Verdauungs- und als mildes Abführmittel erwähnt, so wie wir ihn heute nutzen. Zugleich behandelte man mit dem Milchsaft Warzen. Dieser latexhaltige Saft hinterlässt allerdings braune Flecken auf Haut und Kleidung. Ich erinnere mich, dass mich meine Mutter früher immer ermahnte, die Kuhblume, wie wir den Löwenzahn nannten, wegen des gelben Blütenstaubs und der braunen Milchsaftflecken ja nicht abzureißen. Ich glaube, diese Fleckenbildung auf den Sonntagskleidern ist der Grund dafür, dass sich der Glaube an die Giftigkeit des Löwenzahns und seines Milchsafts immer noch hartnäckig hält. Natürlich sind sehr große Mengen dieses Safts, besonders für Kinder, nicht gut verträglich. Aber giftig ist er keinesfalls.

Das Jahr ist weiter vorangeschritten. Im Mai erobert der Löwenzahn mit seinem Gelb schon ganze Wiesen. Zeit, die Pflanze noch einmal genauer zu betrachten. Der einfache, dicke Stängel hat die Knospen in die Höhe gehoben und sie sind zu kleinen Sonnen erblüht. Wenn man einen Stängel

abbricht, fühlt man, dass er hohl ist, und hört man genau hin, vernimmt man ein sanftes Knacken. Hier findet sich ein weiteres gutes Heilmittel für Magenbeschwerden. Einmal während einer Kräuterwanderung berichtete ein Teilnehmer von seinen Magen- und Verdauungsbeschwerden. Er fragte, ob ich nicht ein gutes, einfaches Mittel wüsste, diese zu beheben. „Ja“, sagte ich und deutete auf die leuchtend gelbe Wiese vor uns. Sie sah aus, als wäre die Sonne darauf gefallen. „Dort steht vielleicht das Heilmittel, das Sie suchen.“ Er sah mich forschend an und schmunzelte dann. Wie ich das meinen würde? Ich erzählte ihm von der Frühjahrskur mit Löwenzahn und wir beide kosteten von einem Stängel. Haben Sie das schon einmal probiert? Zur Blütezeit des Löwenzahns müssen Sie ihn pur essen. Sie werden überrascht sein. Er schmeckt bitter, aber auch knackig frisch im Mund. Mein Teilnehmer kaute langsam, spürte den Aromen nach, dann bat er mich um das Rezept. Also erzählte ich ihm, was es mit der Frühlingskur auf sich hat.

> Hier das Rezept für die **Löwenzahnstängel-Kur** bei Magenbeschwerden: Beginnen Sie am ersten Tag mit 3 Löwenzahnstängeln, wenn die Pflanzen blühen. Kauen Sie die Stängel gründlich. Nun essen Sie jeden Tag einen Stängel mehr, bis Sie bei 10 angelangt sind. Wenn Sie das gut vertragen, essen Sie 1–2 weitere Tage 10 Stängel und verringern dann die Anzahl wieder. Bei einer anderen Methode essen Sie 4 Wochen lang jeden Tag 3 Stängel. Schauen Sie selbst, was Ihnen am besten bekommt.

Einige Wochen später besuchte der Mann wieder eine Kräuterwanderung und erzählte mir, mein Rat habe ihm sehr geholfen, er fühle sich pudelwohl und sein Magen sei wieder fit.

Offenbar hatte er auch den Hinweis eingehalten, den ich ihm beim Mal davor gegeben hatte: Bei Gastritis, Reizmagen oder Magengeschwüren sollten Sie den Löwenzahn nicht anwenden. Lassen Sie das im Vorfeld

genau von einem Arzt oder Heilpraktiker abklären und beginnen Sie erst dann ganz sanft mit der Anwendung. Wichtig ist immer, auf den Körper zu hören. Sie können am besten feststellen, was Ihnen hilft. Vertrauen Sie darauf!

> In meiner Kindheit sammelten wir im Frühjahr die Blüten für einen **Löwenzahnsirup**. Von etwa 200 g entfernten wir die grünen Teile, gaben die gesäuberten Blüten und 1 klein geschnittene Bio-Zitrone in 1 Liter Wasser und köchelten alles sanft für 30 Minuten. Dann gaben wir alles durch ein Sieb und vermischten die Flüssigkeit mit 1 kg braunem Rohrzucker, 1 aufgeschlitzten Vanillestange und etwas Zimt, um die Mischung dann noch einmal sanft für 30–40 Minuten zu köcheln. Eine kleine Menge am Ende der Kochzeit zum Abkühlen als Probe auf einen Teller getropft zeigte uns, ob der Sirup weiter einkochen musste oder fertig war.

Die Palette der Inhaltsstoffe im Löwenzahn ist groß und so umfasst sein Einsatzgebiet auch die Frauenkrankheiten. Man findet in der Pflanze Radikalfänger, die krebsvorbeugend wirken. Ursel Bühring (2007) schreibt, der Löwenzahn fördere im Körper die Bildung eines Antitumorstoffes. Seit langer Zeit gelten Pflanzen mit hohlem Stängel als Krebsheilpflanzen. So wird der Löwenzahn unterstützend bei und nach einer Krebstherapie, bei Brustknoten, bei Myomen und zur Lymphentlastung genutzt. Zusätzlich findet man in seinen Blättern und Blüten viel Carotine. Auch Carotine zählen zu den Antioxidantien und fangen freie Radikale ab, die Krebserkrankungen begünstigen können. Essen Sie die frischen Blätter, trinken Sie Tee oder benutzen Sie eine Blättertinktur (das Rezept dazu finden Sie auf Seite 96). Von dieser Tinktur genügen für solche Fälle schon 2-mal täglich 5 Tropfen. Diese Kur sollten Sie für 3 Monate durchführen und dann wieder eine Weile pausieren.

Löwenzahn eignet sich hervorragend, um Schwermetalle auszuleiten, und hilft auch, im seelischen Bereich zu entstauen. Trinken Sie den Löwenzahntee aus allen Pflanzenteilen nach sanftem Einschleichen regelmäßig für 6–8 Wochen.

Die hübschen gelben Blüten des Löwenzahns faszinieren mich immer wieder. Sie strahlen nicht nur eine Vorfreude auf den Sommer aus, sie haben auch spannende Eigenschaften. Der Löwenzahn gehört zu den Kurztagespflanzen. Damit bezeichnet man Pflanzen, die die Tageslänge messen. Sobald diese im September wieder einen bestimmten Wert unterschreitet, beginnt der Löwenzahn erneut zu blühen. Zum zweiten Mal im Jahr kommen wir dann in den Genuss des alten Schauspiels: An sonnigen Tagen öffnet er die Blütenköpfe und folgt dem Lauf der Sonne. Bei schlechtem Wetter und bei Regen lässt er sie geschlossen.

Heute stelle ich lieber einen **Löwenzahnblüten-Likör** her, der gleichzeitig eine Art Aperitif ist. Dafür gebe ich so viel Löwenzahnblüten in eine Flasche, dass diese halbhoch gefüllt ist. Anschließend kommen ein daumennagelgroßes Stück Ingwer und etwas Honig über die Blüten, bevor ich mit Korn oder Wodka aufgieße. Den Ansatz stelle ich für mindestens 4 Wochen warm und schüttle immer wieder. Nach dieser Zeit wird abgeseiht. Wenn Ihnen der Likör zu stark ist, verdünnen Sie ihn 1:1 mit Wasser. Für die Gesundheit können Sie den Honig auch weglassen. Genießen Sie vor oder nach dem Essen oder bei Völlegefühl 1 Schnapsgläschen voll. Vor dem Essen eingenommen regt der Likör den Appetit an, nach dem Essen die Verdauung.

Auf überdüngten Wiesen findet man den Löwenzahn massenhaft. Dies mache ich mir während der Blütezeit zu nutze. Ich pflücke die sonnengelb bekronten Blütenstängel und gebe sie als Tischdekoration in dickwandige, wassergefüllte Gläser. Mit einer schönen Schleife versehen sind sie dekorativ und leuchten auf der Kaffeetafel um die Wette. Eine schöne Einstimmung auf den nahenden Sommer.

SOMMER

Nachdem im Sommer die Wiesen gemäht sind, wachsen die Löwenzahnblätter wieder nach. Diese frischen Blätter können immer wieder für Teemischungen oder sonstige Anwendungen gesammelt und getrocknet werden. Sie strotzen vor Grünkraft und gesunden Stoffen.
Aus den Blättern können einfache Verdauungshilfen angesetzt werden.

Für eine **Löwenzahnblätter-Tinktur** schneiden Sie Löwenzahnblätter sehr fein, geben sie halbhoch in ein helles Glas und gießen 38%igen Alkohol (Wodka oder Korn) bis zum Rand des Glases auf. Danach stellen Sie das Glas für 3–4 Wochen an einen warmen Ort und schütteln es täglich. Nach dieser Zeit abgießen und in dunkle Fläschchen füllen.

Von dieser Tinktur nehmen Sie bei Verdauungsbeschwerden, Völlegefühl, Blähungen oder Magenschmerzen 3-mal täglich 10–20 Tropfen in Wasser ein. Oder Sie füllen die Tinktur in ein Fläschchen mit einem Sprühaufsatz und sprühen bei Bedarf 2–3 Sprühstöße in den Mund. Nach diesem Rezept können Sie im Frühling oder Herbst die Löwenzahnwurzeln ansetzen, allerdings sollte der Alkoholgehalt bei Wurzeln um die 60 % oder höher liegen.

Bei unseren Vorfahren besaß der Löwenzahn einen guten Ruf als Augenheilpflanze. Aus heutiger Sicht ist das verständlich, denn wir wissen mittlerweile, dass die Leber und die Augen in direktem Zusammenhang stehen. Das heißt, wenn wir uns mit gesunden Wildkräutern, insbesondere dem Löwenzahn, ernähren und mit ihm Teekuren machen, tut das auch unseren Augen gut. Mittelalterliche Ärzte behandelten rote, triefende Augen mit einer Abkochung der Wurzel. Zusätzlich trug man Wurzel-

amulette aus neun Scheiben der getrockneten Löwenzahnwurzel um den Hals. Ich würde bei trockenen oder durch viel Computerarbeit gestressten Augen zu Löwenzahnaugenwasser raten und damit die Augen spülen oder Auflagen machen.

Für das **Augenwasser** die ganze Löwenzahnpflanze mit gründlich gereinigter Wurzel klein schneiden und in 1 Liter lauwarmem Wasser für 1 Tag ausziehen. Danach abseihen, leicht anwärmen und damit die Augen spülen oder ein Stück Mull oder Leinen damit tränken und auf die Augen legen.

In der modernen Phytotherapie ist bekannt, dass die Inhaltsstoffe des Löwenzahns, besonders die Bitterstoffe und das Cholin, gute Wirksamkeit auf die Leber zeigen. Das ist gut zu wissen, da die Leber sehr viele Aufgaben im Körper übernimmt und der Löwenzahn sie in ihren Funktionen unterstützt. So ist die Leber unter anderem für die Hormonbildung (Leber = Leben) sowie für Teile der Immunsteuerung und des Eiweiß-, Kohlenhydrat- und Fettstoffwechsels zuständig. Andererseits sind Erkrankungen der Leber oft auf andere Ursachen zurückzuführen, etwa auf Infektionskrankheiten oder Stoffwechselstörungen. Auch psychische Beeinträchtigungen sollten wir dabei nicht vergessen. Menschen mit Leberproblemen sind häufig müde und erschöpft. Die Leber schmerzt anfangs nicht, sondern zeigt ihre Schwäche in Form von Müdigkeit. Da Lebererkrankungen langwierig sind, müssen auch die Anwendungen über einen längeren Zeitraum erfolgen.
So unterstützt Löwenzahntee, morgens und abends über 8 Wochen eingenommen, bei allen Erkrankungen, die in ungenügender Leberfunktion ihre Ursache haben. Auch die Galle profitiert von einer Löwenzahnkur. Neuere Untersuchungen zeigen, dass Löwenzahn die Bildung und Vergrößerung von Gallensteinen verhindern kann. Neben Frühjahrs- und Herbstkuren ist auch hier das Hauptaugenmerk auf das regelmäßige Trinken von 1 Tasse Löwenzahntee morgens und abends für jeweils 6–8 Wochen zu legen. Im Sommer können Sie dabei immer wieder die frischen Blätter des Löwenzahns nutzen. Wer unter Gallensteinen leidet, muss die Anwendung vorher mit einem Arzt oder Heilpraktiker absprechen.
Auch auf die Bauchspeicheldrüse zeigt der Löwenzahn eine positive Wirkung. Seine Bitterstoffe und Enzyme regen sie zur Enzymproduktion an. Besonders bei Bauchspeicheldrüsenentzündung empfiehlt sich die Einnahme von täglich 1 Tasse Löwenzahntee.

Damit ist die Heilkraft des Löwenzahns noch immer nicht erschöpft. Sogar harntreibend und durchspülend wirkt er auf Nieren und Blase. Bei Blasen- und Nierenerkrankungen mischen Sie Löwenzahnblätter mit Brennnessel und Birkenblättern, die ebenfalls harntreibende Eigenschaften haben, zu Tee. Bei den ersten Anzeichen einer Blasenentzündung trinken Sie diesen Tee warm.

> Für eine **durchspülende Teemischung** gebe ich je 1 TL frische oder getrocknete Löwenzahnblätter, Birkenblätter und Brennnesselblätter in eine Kanne und übergieße mit circa 0,5 Litern heißem Wasser.

Davon trinke ich täglich mindestens 3 Tassen warm. Gleichzeitig steigere ich die normale Trinkmenge, um eine bessere Durchspülung zu gewährleisten. Bei Neigung zu Nierensteinen führen Sie am besten regelmäßige Wochenend-Trinkkuren durch.

> Eine weitere Methode ist die **Wasserstoßtherapie**, bei der Sie morgens auf nüchternen Magen 1 Liter Löwenzahnblätter-Tee aus frischen oder getrockneten Blättern schluckweise innerhalb einer Viertelstunde trinken müssen. So können Sie bei regelmäßiger Anwendung Nierengrieß ausspülen. Solche Anwendungen sollten aber vorher immer mit dem behandelnden Arzt oder Heilpraktiker abgesprochen werden.

Mit zunehmendem Alter kann es bei Männern zu Erkrankungen oder Vergrößerung der Prostata kommen. Auch hier hat der Löwenzahn sein Einsatzgebiet. Mischen Sie für diesen Tee die Blätter zu gleichen Teilen mit dem Kraut des Weidenröschens und der Brennnesselwurzel. 1 TL der Mischung übergießen Sie mit kochendem Wasser und lassen für mindestens 7 Minuten ziehen. Davon trinken Sie für einen Zeitraum von 3–6 Wochen 3 Tassen täglich.

> Eine Mischung aus Löwenzahn und Brennnessel wird sogar als **Spülung bei Haarausfall** angewendet. Gießen Sie den Tee nach dem Haarewaschen über den Kopf. Die Haare müssen danach nicht gespült werden, lassen Sie sie einfach trocknen. Damit stärken Sie die Kopfhaut und schenken ihr eine gute Portion Mineralien und Spurenelemente. Im Gegenzug werden Sie mit glänzenden Haaren belohnt. Für die innerliche Mineralstoffmischung trinken Sie Löwenzahntee bei Haarausfall oder essen ihn frisch.

So viele gute Eigenschaften der Löwenzahn hat, eignet er sich auch für lustige Kinderspiele. Da man ihn nicht verwechseln kann und er ungiftig ist, können Kinder die von der Blüte befreiten Stängel als Trinkhalm benutzen. Der gleiche Stängel, an einem Ende flachgedrückt, wird nach ein paar Übungen sogar zu einer Art Pfeife, die lustige Geräusche von sich gibt. Nutzen Sie die vielfältigen Möglichkeiten im Sommer, bevor der Herbst Einzug hält.

HERBST

Im September, wenn die Tage wieder kürzer werden, zeigt uns der Löwenzahn noch einmal seine sonnengelben Blütenköpfchen. Sie erfreuen im Herbst unsere Sinne und tun unserem Körper Gutes. Die frischen Blüten wandern bei mir in Salate oder bereichern meine gesunde Ernährung.
Interessanter ist nun im Herbst jedoch die Wurzel des Löwenzahns. Im Frühjahr enthält sie viele Bitterstoffe und nur etwa 2 % Inulin. Im Herbst dagegen ist der Gehalt an Inulin auf 40 % angestiegen. Inulin besteht zum größten Teil aus Polysacchariden. Da es sich bei ihnen um unverdauliche Zucker handelt, bedeutet dies, dass der Körper zur Verstoffwechslung von Inulin kein Insulin benötigt, was für Diabetiker vorteilhaft ist. Der Löwenzahn ist dadurch neben Schwarzwurzeln, Topinambur und Wegwarte ein wertvolles Diätgemüse für zuckerkranke Menschen. Die Wurzeln, im Herbst gegraben, regen die Bauchspeicheldrüse an, dadurch wird die Insulinproduktion aktiviert und zusätzlich der Cholesterinspiegel gesenkt.
Die Wurzeln werden zu einem Medizinalwein verarbeitet, der bei Verdauungsstörungen ebenso gute Dienste leisten kann wie bei angegriffenen Nerven.

Für diesen **Löwenzahnwein** graben Sie Löwenzahnwurzeln, säubern diese gründlich und schneiden sie klein. 2 EL der frischen Wurzelstücke übergießen Sie mit 1 Flasche gutem Rotwein und stellen alles für 10–14 Tage an einen warmen Ort. Nach dem Abseihen trinken Sie 1–3-mal täglich vor den Mahlzeiten ein Likörgläschen voll. Für eine längere Haltbarkeit füge ich dem Wurzelwein 1–2 Gläschen Korn hinzu, das erhöht den Alkoholgehalt.

Früher stellte man aus den Wurzeln einen **Wurzelkaffee** her. Dazu die Löwenzahnwurzeln nach dem Graben gründlich unter fließendem Wasser säubern und anschließend trocknen. Ich gebe die Wurzelstücke auf ein Backblech und lasse sie im Ofen bei 230 Grad rösten. Nach circa 15 Minuten und einigem Wenden sind die Wurzelstücke kaffeebraun und können in einer Kaffeemühle zu Pulver gemahlen werden. Für 1 Tasse Kaffee benötige ich etwa 1 TL des Wurzelpulvers, je nach Geschmack.

So wie jetzt die Tage kürzer und die Nächte kälter werden, zieht sich auch der Löwenzahn immer weiter zurück. Er geht mit Mutter Natur in den Winterschlaf. Seine großen Kräfte speichert er in der warmen Erde, unter Schnee und Frost verborgen. Dort überdauert er, bevor er im nächsten Frühjahr wieder beginnt, seine unterschiedlich gezahnten Blätter zu entfalten und mit sonnengelben Blüten die Wiesen zum Leuchten zu bringen.

SCHAFGARBE

Die wichtigsten Heilpflanzen finden wir oft ganz in unserer Nähe. Manchmal wachsen sie gleich an unserem Gartenzaun und jeder von uns hat sie bereits gesehen. Das hat den großen Vorteil, dass wir sie auf Anhieb erkennen und dadurch nicht verwechseln können. Diese Pflanzen begleiten die Tiere und uns schon seit vielen Jahrtausenden, nur ist uns manchmal gar nicht bewusst, welchen Schatz wir da vor der Haustür haben.

„Garb grün gestossen |
auf Wunden gelegt |
trucknet und zeucht zusammen |
stillet auch den Fluß der Weiber |
also aufgelegt.“

Adamaus Lonicerus, „Kreuterbuch“, 1679

So ist es auch mit der Schafgarbe, einer Pflanze, die durch ihre bittere Kraft als wahre Meisterin für das Verdauungssystem gilt. Doch sie kann noch so viel mehr. Wussten Sie, dass die Schafgarbe ein Heilmittel für Frauen und sogar ein Tonikum für die Gefäße ist? Davon werde ich Ihnen nun berichten.

PFLANZENSTECKBRIEF

Name: Die Schafgarbe trägt den wissenschaftlichen Namen *Achillea millefolium*. Hinter diesem Namen verbirgt sich die Sage um den jungen, fast unverwundbaren trojanischen Helden Achilles. *Millefolium*, das Tausendblatt, deutet auf die zart geschwungenen, wie aus tausend Einzelblättchen bestehenden Blätter hin. Der deutsche Name Schafgarbe geht auf das althochdeutsche Wort *garwe*, „Gesundmacher" zurück. In dieser Hinsicht könnte man die Schafgarbe vom Namen her als „Schafgesundmacher" ansehen.

Pflanzenfamilie: Korbblütengewächse (Asteraceae)

Volksnamen: Achilleskraut, Augenbraue der Venus, Beilhiebkraut, Blutstillkraut, Frauenkraut, Heil der Welt, Jungfernkraut, Schafzunge, Soldatenkraut, Wundkraut.

Erkennen: Die Schafgarbe ist eine mehrjährige Pflanze und kann bis zu 80 cm hoch werden. Aus ihrem Wurzelstock entspringt im März eine Blattrosette mit lanzettlichen, geschwungenen, einfach gefiederten, feinen Blättchen. Aus der Blattrosette wächst dann im Frühling ein aufrechter, harter, zäher Stängel mit wechselständigen Blättern.

An seinem Ende verzweigt sich der Stängel zu einem Blütenstand, der auf den ersten Blick wie eine Dolde aussieht, aber keine ist. Die Scheindolden der Schafgarbe sind aus vielen einzelnen Blütenkörbchen zusammengesetzt. In ihnen sitzen außen weiße bis rosa gefärbte Zungenblüten, innen gleichfarbige Röhrenblüten. Sie blühen von Ende Mai bis in den Herbst hinein.

Die Schafgarbe wächst genügsam fast überall auf trockenen Böden. Sie liebt die Sonne, meidet aber nasse Stellen.

Verwechsler: Die Schafgarbe kann verwechselt werden mit dem Rainfarn (*Tanacetum vulgare*). Im zeitigen Frühjahr sehen die jungen Blättchen ähnlich aus. Sie unterscheiden sich farblich etwas voneinander, die Blättchen der Schafgarbe sind dunkler grün als die des Rainfarns. Am deutlichsten kann man sie aber am Duft erkennen. Die jungen Schafgarbenblättchen sind fast geruchlos. Die Blätter des Rainfarns hingegen duften beim Zerreiben stark, fast medizinisch. Auch sind die Blätter des Rainfarns nicht so fein gefiedert.

Sammeln: Alle Teile der Schafgarbe sind essbar. Die jungen Blättchen können Sie im Frühjahr ernten, später dann im Sommer die Blätter und die Blüten zum Trocknen.

Anwenden: Da die Schafgarbe zur Familie der Korbblütengewächse zählt, sollte man bei bekannter Korbblütlerallergie auf sie verzichten. Manche Menschen reagieren beim Kontakt besonders mit den Schafgarbenblüten mit roten Pusteln auf der Haut. Auch sie sollten auf die Schafgarbe verzichten. Nebenwirkungen und Kontraindikationen bei der Einnahme und Anwendung der Pflanze sind nicht bekannt.

Die Kommission E empfiehlt die Schafgarbe innerlich bei Appetitlosigkeit, dyspeptischen Beschwerden sowie krampfartigen Beschwerden im Magen-Darm-Trakt und als Sitzbad bei schmerzhaften Unterleibsbeschwerden der Frau.

FRÜHJAHR

Wenn nach dem Winter das erste Grün aus der Erde sprießt, beginnt auch das Leben einer Schafgarbe von Neuem. Aus einer Blattrosette kommen die ersten zarten Schafgarbenblättchen filigran und weich aus der Erde hervor. Anfangs, wenn die Blättchen noch sehr klein sind, so erzähle ich meinen Kräuterschülerinnen und -schülern immer, muss man ein wenig achtgeben, weil man sie gerade jetzt verwechseln kann. Den Ungeübten fallen ähnliche Blätter ins Auge, die aber nach genauer Betrachtung ziemlich einfach von der Schafgarbe zu unterscheiden sind. Die Rede ist von den jungen Blättern des Rainfarns, der zu den Giftpflanzen zählt. Er wurde früher genutzt, um Würmer aus dem Körper zu vertreiben. Heute wendet man ihn innerlich nicht mehr an. Die jungen Rainfarnblättchen sind denen der Schafgarbe in Form und Farbe anfangs ähnlich. Das beste Unterscheidungskriterium ist der Geruch. Die Blätter der Schafgarbe sind geruchlos. Den würzigen Duft präsentiert die Schafgarbe erst mit ihren Blüten. Die jungen Rainfarnblätter duften hingegen beim Zerreiben recht stark.

Wenn die Schafgarbe im Frühling ihre saftigen, filigranen Blätter zeigt, nutzt man sie besonders für eine gesunde Ernährung. Die Pflanze enthält viele Spurenelemente und Mineralien. Sie hat einen hohen Gehalt an Eisen, Kalium und Magnesium, was sie besonders für Frauen zu einer wertvollen Heilpflanze macht. Die Blätter stecken voller Vitamin C. Zusätzlich wurde im Chlorophyll ein dem Vitamin A ähnlicher Bestandteil entdeckt.

Junge Schafgarbenblätter sind in der gesunden vitalstoffreichen Ernäh-

rung unentbehrlich. Sie passen in jede Kräuterbutter sowie in Kräuterquark und Kräutersalz und stecken besonders roh gegessen voller gesunder Grünkraft.

Ein feines Rezept im Frühjahr sind **Schafgarbenblättchen mit Parmesan**. Dafür sammle ich 2 Hände voll junge Schafgarbenblättchen. Aus 100 g Dinkel-Vollkornmehl, 150 ml Milch, 1 Ei, 3–4 EL frisch geriebenem Parmesan, 1 Prise Salz, etwas Muskatnuss und evtl. etwas Pfeffer rühre ich einen Pfannkuchenteig an und lasse ihn 10–20 Minuten ruhen. Er sollte nicht zu flüssig sein, ansonsten gebe ich noch etwas Mehl hinzu. Nun ziehe ich die gewaschenen und abgetrockneten Blättchen durch den Teig und backe sie für 2–3 Minuten in etwas heißem Öl aus, bis sie goldbraun sind.

Aus jungen Schafgarbenblättchen stelle ich ein **würziges Kräutersalz** her. Dazu mörsere ich die frischen Blättchen mit einem guten Salz (Steinsalz oder Meersalz) und einigen Gundermannblättchen. Der Gundermann verleiht dem Salz einen feinen Geschmack. Ich trockne die Salzmasse auf einem mit Backpapier ausgelegten Backblech. Nach 1–2 Tagen ist die Masse lagerfähig und kann in Gläser gefüllt werden.

Den Frühling nutzten unsere Vorfahren, um den Körper zu reinigen und zu entschlacken und so der Frühjahrsmüdigkeit entgegenzuwirken. Dazu sind junge Wildpflanzen, die jetzt aus der Erde sprießen, hervorragend geeignet. Ihr hoher Anteil an Chlorophyll bringt Licht in unsere Zellen, was für unseren Organismus auch heute von größter Bedeutung ist. Diese Frühjahrskuren können mit Tee oder Frischsäften aus Pflanzen unternommen werden. Weil für Letztere die Menge an Pflanzenteilen recht groß sein muss, sammle ich nicht nur die jungen Schafgarbenblättchen, sondern auch andere junge frische Blätter von Giersch, Brennnessel, Gänseblümchen oder anderen Wildkräutern. Die Kräuter zerkleinere ich mit einem Hochleistungsmixer oder einem Kaltentsafter, bis der Saft austritt. 1–2 TL dieses Safts können Sie dann täglich einnehmen. Verdünnen Sie den Pflanzensaft bitte unbedingt mit Wasser oder Buttermilch mindestens auf die doppelte Menge, bevor Sie ihn trinken. Er ist sonst einfach zu stark. Mit solch einer Kur über 2–3 Wochen starten Sie gut in den Frühling und wecken Ihre Lebensgeister.

Noch sind die Blätter fein und filigran. Deshalb nannte man sie früher auch „Augenbraue der Venus". So filigran gebogen wie eine Augenbraue, zeigt sich die Tausendblättrige (*millefolium*) nur jetzt. Im Jahresverlauf wachsen die Blätter und werden borstiger. Nimmt man später eins in die Hand und streicht es in Wuchsrichtung, spürt man an den Blattenden kleine Widerhaken. Das kommt daher, dass sich an jedem Ende eines kleinen Fiederblättchens eine winzige Stachelborste befindet. Mit einer Lupe erkennt man sie genau. Alte Heilkundige nutzten die borstigen Blätter zum Auslösen von Nasenbluten, sie behandelten damit Kopfschmerzen.

> Die jungen Blättchen verarbeite ich zu einem aromatischen **Wiesen-Zitronenlikör.** Dazu sammle ich eine Handvoll frischer Schafgarbenblätter, die grob zerkleinert werden. Von 2 Bio-Zitronen reibe ich die Schale ab und presse die Früchte aus. Alles zusammen gebe ich in ein helles, sauberes Schraubglas und fülle es mit 0,75 Litern Wodka (40%ig) auf. Mit etwas Honig und einer Spur Tonkabohne versetzt steht das verschlossene Glas 3–4 Wochen an einem warmen Ort. Dabei schüttle ich meinen Likör immer wieder. Zum Schluss abseihen und eventuell mit Honig nachsüßen.

Ich mag die sanfte Bitterkeit der Schafgarbenblättchen, deshalb setze ich den Likör auch im Sommer, wenn die Bitterstoffe mehr ausgeprägt sind, noch an.

Die Schafgarbe zeigt schon im Namen den Bezug zu den Schafen. Diese wissen intuitiv, was ihnen guttut. Schafe wälzen sich bei Erkrankungen in Schafgarbe, weil sie wundheilend wirkt, und fressen sie bei Verdauungsproblemen. Eine Schülerin meiner Kräuterschule erzählte uns, als es um die Schafgarbe ging, folgende Geschichte: Ingrid wohnte mit ihrer Familie und einigen Schafen auf einem alten Hof auf dem Land. Im zeitigen Frühjahr bekam eins ihrer Schafe zwei Lämmer. Wie es bei Schafen manchmal vorkommt, nahm die Schafmutter nur eins der beiden Jungtiere an und kümmerte sich nicht um das zweite. Meine Schülerin Ingrid nahm sich des kleinen Lämmchens liebevoll an. Es bekam mehrmals täglich ein Fläschchen mit Nahrung. Leider vertrug es diese nicht gut, es hatte immer wieder Durchfall. Ingrid war sehr um das Tier besorgt und versuchte dies und das. Als das Schäfchen etwas größer war, stellte sie fest, dass es auf der Wiese gezielt nach Schafgarbenblättchen suchte, offenbar um damit seinem Verdauungssystem auf die Sprünge zu helfen. Das ist doch sehr erstaunlich und fasziniert mich immer wieder. Das Tier hat von allein gewusst, was ihm guttat. Aus dem kleinen Lämmchen ist heute ein stattlicher Schafbock geworden, der immer noch gerne die Schafgarbe frisst.

SOMMER

Wenn es wärmer wird, die Sonne höher steigt und mit ihren Strahlen den Boden erwärmt, schiebt sich aus der Schafgarbenrosette ihr harter, zäher Stängel empor. Am oberen Ende des Stängels bildet die Schafgarbe im Juni Blütenstände aus. Zartgrün zeigen sich die Scheindolden, aus denen die weißen, manchmal sogar rosa Blüten hervorbrechen. Warum manche

Schafgarben weiß, andere wiederum so schön rosa blühen, ist nicht ganz geklärt. Es scheint, als ob die rosa Schafgarbe vermehrt in der Nähe von Ameisenhaufen wächst und die Ameisensäure dabei eine Rolle spielt. Ob sich diese Annahme bestätigt, bleibt abzuwarten. Aber es ist doch schön zu sehen, dass Mutter Natur noch einige Geheimnisse für uns bereithält.
In der blühenden Schafgarbe finden wir neben den vielen anderen wertvollen Inhaltsstoffen wie Bitterstoffen, die der Verdauung guttun, und Gerbstoffen, die Wunden heilen, noch duftendes ätherisches Öl. Um die ätherischen Öle auszubilden, benötigt die Pflanze die Sonne und dadurch wird verständlich, dass die Schafgarbe ihren Höhepunkt als Heilpflanze wirklich erst erreicht hat, wenn sie blüht. Nicht umsonst heißt es: Heilpflanzen erntet man, wenn sie am schönsten sind, wenn sie sich in voller Pracht zeigen. Bei der Schafgarbe stimmt das nur zu genau.
Nun ist die Zeit gekommen, die Schafgarbe für weitere Anwendungen zu sammeln und zu trocknen. Dafür gehe ich in die Natur und schaue nach Schafgarbenvorkommen. Ich ernte nie alle Pflanzen, sondern lasse immer einige Exemplare stehen, damit auch im nächsten Jahr am selben Ort Schafgarben wieder wachsen können. Bei der Ernte werden Sie schnell feststellen, dass die Stängel fest und hart sind. Sie einfach abzuknicken ist gar nicht möglich. Versucht man es doch, reißt meist die gesamte Wurzel aus der Erde. Deshalb habe ich immer Schere oder Messer dabei und schneide die Schafgarbe im unteren Drittel des Stängels ab.
Zum Trocknen hänge ich sie kopfüber, zu kleinen Sträußchen gebunden, in einem trockenen Raum auf. Sind die Sträußchen getrocknet, zerkleinere ich sie oder rebele die Blätter vom Stängel und dann steht sie dunkel verpackt für Tees oder andere Anwendungen bereit. Auch nach dem Trocknen ist die Schafgarbe fest und lässt sich nur schlecht zerkleinern. Deshalb schneide ich sie bereits im frischen Zustand klein und trockne sie auf Gaze oder einem Tuch. Das Kraut hilft, als Tee getrunken, bei Verdauungsproblemen sowie bei Darm- und Lebererkrankungen. Der Tee wirkt verdauungsfördernd, hilft bei Blähungen und Völlegefühl, beseitigt Gärungserscheinungen, steigert die Tätigkeit der Darmdrüsen, sorgt für einen regelmäßigen Stuhlgang und unterstützt bei Störungen von Galle und Leber. Durch das in der Schafgarbe enthaltene ätherische Öl löst der Tee Krämpfe im Magen-Darm-Trakt und hilft bei der Abheilung von Entzündungen. Sogar nach einer Antibiotikabehandlung unterstützt das Trinken von Tee die Darmschleimhäute bei der Regeneration. Er ist ein Tonikum, das dem Körper Kraft gibt.

Ein **Schafgarbentee** ist ganz einfach bereitet. 1 TL getrocknetes oder 1–2 TL frisches Schafgarbenkraut wird mit 1 Tasse heißem Wasser übergossen. Lassen Sie nun alles circa 5–10 Minuten abgedeckt ziehen, dann abseihen und 1–3 Tassen am Tag warm und schluckweise trinken. Eine Schafgarbentee-Kur sollte 4–6 Wochen dauern. Verwenden Sie frische Kräuter, kann die Menge verdoppelt werden. Grundsätzlich aber gilt, dass Ihnen der Tee schmecken soll.

1 Liter Schafgarbentee am Tag kann auch bei den Anfangsbeschwerden von Harnwegserkrankungen, wie schmerzhaftem Wasserlassen und häufigem Harndrang, getrunken werden. Sollten sich die Beschwerden nach 1–2 Tagen nicht gebessert haben, müssen Sie ärztlichen Rat einholen. Grundsätzlich wirkt der Schafgarbentee krampflösend auf die Blase und gleichzeitig antibiotisch. Auch warme Sitzbäder, denen starker Schafgarbentee zugefügt wurde, sind wohltuend und lindern die akuten Beschwerden.

Für ein **Schafgarbensitzbad** geben Sie 2–3 Handvoll frisches oder getrocknetes Schafgarbenkraut in einen Topf und übergießen mit 2–3 Litern kochendem Wasser. Nun lassen Sie den Sud für etwa 10 Minuten ziehen, seihen ab und geben ihn dem Badewasser zu. Solche Sitzbäder eignen sich bei Harnwegserkrankungen, Erkrankungen im Genital- und Darmbereich sowie bei schlecht heilenden Wunden.

Sicherlich kennen Sie die Redensart, jemandem sei „eine Laus über die Leber gelaufen“. Damit sind nicht nur Erkrankungen der Leber und Galle gemeint, sondern der ganze Mensch, der auf irgendetwas widerwillig reagiert. Die tonisierenden und entgiftenden Eigenschaften der Schafgarbe wirken auf unser größtes Entgiftungsorgan, die Leber. Sie hat viele verschiedene Funktionen zu erfüllen. Vielleicht kann man sich vorstellen, welche Leistung die Leber erbringt, wenn man hört, dass in Milliarden von Leberzellen etwa 500 verschiedene chemische Prozesse ablaufen. Die Leber ist unter anderem für die Hormonregulierung, den Blutkreislauf, die Blutbildung, die Blutgerinnung, für den Energiehaushalt und die Verdauung verantwortlich.
Bei Erkrankungen der Leber, die sich anfangs oft in Müdigkeit, schlechtem Allgemeinbefinden, Völlegefühl und Druck im Oberbauch äußern, haben sich Schafgarbenwickel sehr bewährt. Ich selbst leide seit einigen Jahren unter einer Borreliose, die ab und an, wenn ich nicht gut auf mich achte,

wieder auftritt. Ich genieße während eines solchen Schubes gerne diese sanfte Art der Kräutermedizin. Leberwickel werden abends angewendet, weil die Leber nachts besonders viel arbeitet. Am nächsten Morgen fühle ich mich nach solchen Anwendungen immer sehr wohl und frisch.

> Für die **Schafgarben-Leberwickel** werden 1–2 Handvoll frisches oder getrocknetes Schafgarbenkraut mit 1 Liter kochendem Wasser übergossen. Diesen Sud lassen Sie mindestens 10 Minuten ziehen und seihen dann über einem Sieb ab. Nehmen Sie ein kleines Handtuch oder ein Geschirrtuch und tauchen es in den warmen Tee. Drücken Sie es anschließend fest aus – je fester, umso wärmer können Sie es auflegen. Legen Sie sich zur Nacht mit dem feucht-heißen Tuch auf der rechten Oberbauchseite, unterhalb des Rippenbogens, ins Bett. Darüber kommen ein trockenes Handtuch und eine Wärmflasche. Durch die wohltuende Wärme und die guten Inhaltsstoffe schlafen Sie gut ein. Solche Leberwickel können Sie 2–3-mal wöchentlich genießen. Unterstützend sollten Sie dabei 3-mal täglich 1 Tasse Schafgarbentee trinken.

Für eine **Schafgarbensalbe** sammle ich an einem warmen, sonnigen Tag die Blüten der Schafgarbe. Dabei achte ich darauf, dass es einige Tage zuvor nicht geregnet hat, damit die Pflanzen schön trocken sind und die Menge an Inhaltsstoffen recht hoch ist. Ich gebe etwa 1 Handvoll Blüten in einen Topf und übergieße sie mit 100 ml Sonnenblumen- oder Olivenöl, bis alles bedeckt ist. Dann stelle ich das Pflanzen-Öl-Gemisch auf eine Herdplatte und erwärme alles. Die Ölmischung darf nicht zu heiß werden. Die Pflanzen sollen nicht frittieren – das würde die wertvollen Inhaltsstoffe zerstören. Durch die Wärme gelangen die Wirkstoffe der Pflanze in das Öl. Am nächsten Tag filtere ich die Mischung durch ein Mulltuch oder ein feines Sieb ab. In das entstandene Auszugsöl gebe ich 15–20 g Bio-Bienenwachs und erwärme unter Rühren so lange, bis das Wachs geschmolzen ist. Die noch flüssige Salbe fülle ich in Salbendöschen. Nach dem Abkühlen werden die Döschen verschlossen, beschriftet und dunkel gestellt. Die Salbe ist circa 1 Jahr haltbar.

Einen besonderen Platz hat die Schafgarbe in der unterstützenden Behandlung von Krampfadern und Hämorrhoiden. Schafgarbenwickel und -kompressen fördern den venösen Rückfluss des Bluts und stärken gleichzeitig die Venenwände. Sie wirken dadurch schmerzlindernd und entzündungshemmend. Hämorrhoiden pflegt man mit einer Schafgarbensalbe. Ebenso hilfreich, durch die entzündungshemmenden, bindegewebsstärkenden und blutstillenden Eigenschaften, sind das Trinken von Tee sowie Sitzbäder mit der Pflanze.
Die entzündungshemmenden Eigenschaften der Schafgarbe nutzt man in Bädern und Teekuren bei entzündeten Gelenken, bei Rheuma und Arthritis.

> Für ein **Schafgarbenbad** (Vollbad) für Erwachsene stellen Sie aus 50–100 g Schafgarbenkraut einen Tee her und fügen ihn dem Badewasser zu.
>
> Ebenso wirkt ein **Schafgarbenöl**, sozusagen die Vorstufe zur Salbe, zum Pflegen von schlecht heilenden Wunden, bei Venenschwäche oder Hämorrhoiden. Auch im Genitalbereich der Frau kann es gut angewendet werden. Für dieses einfach herzustellende Öl geben Sie frische klein geschnittene Blüten halbhoch in ein helles Glas und übergießen sie mit dem Pflanzenöl. Stellen Sie das Glas nun für etwa 2–3 Wochen auf eine sonnige Fensterbank. Schütteln Sie täglich und achten Sie darauf, dass alle Pflanzenteile mit dem Öl bedeckt sind, damit die Mischung nicht schimmelt. Nach spätestens 3 Wochen seihen Sie den Auszug durch ein Mulltuch ab und füllen ihn in dunkle Fläschchen.

Lassen Sie uns noch einmal hinausgehen auf die Wiese und die Schafgarbe etwas genauer betrachten. Aus den jungen zarten Blättchen haben sich nun im Sommer große, dichte, etwas borstige Blätter entwickelt. Versuchen Sie doch einmal, diese frischen Blätter zwischen Ihren Handflächen zu zerreiben, bis grüner Pflanzensaft austritt. Früher hat man diesen grünen Saft auf Wunden gestrichen oder die angequetschten Blätter direkt aufgelegt, um die Wundheilung zu fördern. Der Pflanzensaft der Schafgarbe desinfiziert, er unterstützt die Blutgerinnung und fördert eine gesunde Narbenbildung.
Besonders alte, schlecht heilende Wunden, Geschwüre, Quetschungen, Schrunden, Risse in der Haut, sogar eiternde Wunden und Abszesse sind durch die antibiotischen Eigenschaften der enthaltenen ätherischen Öle

wie des stark entzündungshemmend wirkenden Azulens sowie der Gerbstoffe gut behandelbar. Anstelle des Pflanzensafts können Sie aber auch Salbe oder Öl auftragen.

In der alten Literatur findet man immer wieder Berichte über die Heilkraft der Schafgarbe – und über den jungen Krieger Achilles, von dem die Pflanze ihren Namen hat. Achilles war ein vor Schönheit und Kraft strotzender Held von Troja. Der alten Überlieferung nach wurde er vom Kentauren Cheiron, der ein begabter Heiler und Pflanzenkundiger war, im Gebrauch der Kräuter unterrichtet. Achilles soll bei ihm gelernt haben, wie man blutende, schlecht heilende Wunden, besonders solche, die durch Eisen entstanden sind, mit Pflanzen kuriert. Achilles gab sein Pflanzenwissen an seine Gefolgsleute weiter und so wurden viele der damaligen Kriegsverletzungen mit der Schafgarbe geheilt.

Nicht nur bei Wunden, sondern auch bei Hauterkrankungen wie der

Schuppenflechte (Psoriasis) wird zur Schafgarbe geraten. Das Trinken von Schafgarbentee für 4–6 Wochen und die gleichzeitige Anwendung von Bädern und Salbe aus der Schafgarbe wirken lindernd. Schafgarbensalbe pflegt auch raue Hände und spröde Lippen weich und geschmeidig und heilt kleinere Verletzungen ab.

Das größte Wirkungsspektrum hat die Schafgarbe allerdings in der Frauenheilkunde. Neben dem Frauenmantel (*Alchemilla vulgaris*) ist sie eine der wirksamsten Pflanzen aus unserem Kulturkreis, die wir bei Frauenkrankheiten finden. Bei vielen unterschiedlichen Beschwerden wird sie wirksam eingesetzt. Ich erinnere mich an meine erste Begegnung mit ihr als Heilpflanze. In einer Frauenzeitschrift hatte ich gelesen, dass der Schafgarbentee ein guter und schneller Helfer bei Regelschmerzen sei. Damals kannte ich mich noch nicht in der Heilpflanzenkunde aus, die Schafgarbe war mir aber von meinen Hundespaziergängen zu einer lieben Bekannten geworden. Sie wuchs überall auf den Wiesen in meiner Umgebung. So sammelte ich mir einige der weißen Blütendolden, die ich noch aus meiner Kindheit kannte, und goss sie zu Hause mit heißem Wasser auf. Der Tee schmeckte würzig, hatte eine sanfte, hellgrüne Farbe und schon nach kurzer Zeit merkte ich, dass meine Unterleibsbeschwerden spürbar abnahmen. Ich war begeistert und so wurde die Schafgarbe noch vor meiner Zeit als Kräuterfrau zu einer rhythmischen Begleiterin für schmerzhafte Tage.

Später, als ich mich in Phytotherapie ausbilden ließ, erfuhr ich, dass ich genau die richtige Pflanze gewählt hatte. Sitz- oder Vollbäder mit Schafgarbe sind gute Hilfsmittel. Und Gleiches gilt für Kräuterkissen. So fand die Schafgarbe schon früh ihren Platz in die Beutel der „Maria-Bettstroh-Kräutermischung“, die einst nach Geburten ins Wochenbett gegeben wurden. Wohlriechende, stimmungshaufhellende und desinfizierend wirkende Kräuter, in Kissen gestopft, verhalfen Mutter und Kind zu einem gesunden, wohligen Start ins gemeinsame Leben.

> Für ein **Schafgarben-Kräutersäckchen** sammle ich im Hochsommer Schafgarbenblütenstände, die ich auf einer Unterlage im Schatten trocknen lasse. Die trockenen Kräuter gebe ich in ein kleines, gut verschlossenes Leinensäckchen, je nach Größe des zu behandelnden Körperteils. Das Säckchen erwärme ich nun entweder mithilfe eines Siebes über Wasserdampf für 3–4 Minuten oder ich lege es trocken (eventuell mit einer Wärmflasche darüber) auf und genieße, wie die Wirkung auf meinen Körper übergeht.

Solche Kräutersäckchen sind mehrfach anwendbar. Die Schafgarbe hilft hier besonders bei schmerzhafter Regelblutung, Verkrampfungen im Beckenbereich oder entzündeter Blase. Für eine Maria-Bettstroh-Mischung werden zur Schafgarbe noch Frauenmantel, Waldmeister, Labkraut oder Johanniskraut gesammelt und getrocknet hinzugegeben.

Die Schafgarbe hat sich in ihrer langen Kräutergeschichte als wahre Meisterin der Frauenkrankheiten etabliert. An Inhaltsstoffen besonders geschätzt sind die in ihr enthaltenen Phytohormone. Das sind Stoffe, die bei der Regulation von Reifung und Wachstum für die Pflanze unerlässlich sind. Wenn diese Pflanzenhormone in unseren Körper gelangen, übernehmen sie auch dort hormonähnliche Wirkungen. Wie sie genau wirken, ist nicht ganz klar. Wir wissen aber, dass sie ein Gleichgewicht zwischen verschiedenen körpereigenen Hormonen herstellen. So helfen die Phytohormone der Schafgarbe nicht nur bei schmerzhafter oder zu starker Blutung, sondern auch beim prämenstruellen Syndrom (PMS), den Tagen vor den Tagen. Wenn Frauen in eine hormonelle Schieflage geraten und die zweite Zyklushälfte stärken wollen, dann ist die Schafgarbe das Mittel der Wahl. Bei PMS-Beschwerden trinken Sie ab Zyklusmitte 3-mal täglich 1 Tasse Schafgarbentee. Auch wenn es zu Unregelmäßigkeiten im Zyklus kommt, die nicht auf einer Schwangerschaft beruhen, ist ab der zweiten Zyklushälfte Schafgarbentee die richtige Pflanzenmedizin. Der Tee hilft, den Hormonhaushalt zu harmonisieren und die Blutung auszugleichen.

Bei Wechseljahresbeschwerden ist die Schafgarbe eine wohlwollende und harmonisierende Pflanze. Durch die Phytohormone hilft sie bei zu kurzen Zyklen oder zu starken Blutungen. Mit dem blutungsregulierenden Schafgarbentee, besonders in der zweiten Zyklushälfte über einen längeren Zeitraum getrunken, helfen Sie sich gut. Bei Zysten am Eierstock sowie Myomen, aber auch als Begleitmittel bei Ausfluss und Eierstockentzündungen wird sie als Tee oder äußerlich als Wickel, Umschlag oder Sitzbad angewendet. Nicht zu vergessen ist die Schafgarbe bei Vaginal- und Pilzinfektionen. Hier sind es neben den Gerbstoffen, die wundheilend und zusammenziehend wirken, die ätherischen Öle der Schafgarbenblüten, die ihren wohltuenden Einfluss entfalten. Das ätherische Öl ist eine Vorstufe des azurblauen Azulens, das auch in der Kamille zu finden ist. Azulen wirkt stark entzündungshemmend, krampflösend und juckreizmildernd. Ätherisches Öl der Schafgarbe können Sie kaufen oder mithilfe einer Destille selbst aus der Schafgarbe destillieren. Ätherische Öle dürfen Sie aber niemals unverdünnt auf die Haut auftragen. Sie wären dazu viel zu stark und müssen unbedingt verdünnt werden. Für eine sanfte, aber wirkungsvolle Mischung gebe ich 10–15 Tropfen ätherisches Öl in 50 ml fettes Öl, zum Beispiel Oliven- oder Mandelöl.

Nicht nur in der Frauenheilkunde wirkt die Schafgarbe ausgleichend, auch auf das Herz hat sie diesen Einfluss. Bei Herzklopfen oder Herzrasen wirkt der Tee beruhigend und stärkend, zudem erleichtert er die Zirkulation und fördert den venösen Rückfluss, was wiederum das Herz entlastet. Außerdem versorgt die Schafgarbe den Herzmuskel mit mehr Sauerstoff und steigert damit die Herzleistung. Lassen Sie aber dennoch alle Herzproblematiken unbedingt immer von einem Arzt oder Heilpraktiker abklären.

Wenn Sie auf der Wiese sind, sammeln Sie ein kleines Sträußchen Schafgarbe für einen erholsamen Schlaf. Kinder soll das Kraut vor Albträumen schützen und ihnen guten Schlummer schenken. Den Erwachsenen wurde

in alten Zeiten ein Sträußchen unter das Kopfkissen platziert, um die Lust der Frauen und die Kraft des Mannes in Liebesdingen zu steigern.
Sie sehen: Das Spektrum der Schafgarbe ist vielfältig. Sogar in der Operationsvorbereitung hat sie neben der entzündungshemmenden und antibakteriellen Wirkung besonders mit ihren abschwellenden Kräften einen Platz. Bereits 2–3 Tage vor einem geplanten Eingriff trinken Sie täglich 3 Tassen Schafgarbentee. Führen Sie dies nach der Operation für einige weitere Tage fort.
Den ganzen Sommer über zeigt die Schafgabe ihre weißen Blüten. Im Hochsommer ist die Zeit gekommen, daraus einen würzigen Wein herzustellen.

Für einen **Schafgarbenwein** bei Magenbeschwerden und für ein starkes Herz benötigen Sie 3–4 frische blühende Schafgarbenstängel, 2–3 Stängel frische Melisse und 5 Ringelblumenblüten. Geben Sie die Kräuter zusammen mit 1 Liter Rotwein in ein helles Glas und lassen Sie die Mischung für gut 2 Wochen ziehen. Schütteln Sie täglich und achten Sie darauf, dass alle Pflanzenteile bedeckt sind. Danach seihen Sie ab und trinken bei Bedarf 2 Likörgläschen täglich. Für eine längere Haltbarkeit empfiehlt es sich, 1–2 Schnapsgläschen 40%igen Alkohol in den Ansatz zu geben.

Als **Inhalation** wende ich die getrockneten Blüten der Schafgarbe auch bei Atemwegserkrankungen, bei Verschleimungen der Atemwege oder bei Heuschnupfen an. Dafür übergieße ich 1–2 EL des Krauts mit heißem Wasser und inhaliere vorsichtig den heißen Dampf.

Unglaublich vielfältig zeigt sich die Schafgarbe den gesamten Sommer über. Sie kann als Heilpflanze für viele unterschiedliche Anwendungen bis in den August hinein gesammelt und weiterverarbeitet werden.

HERBST

Wenn ich jetzt in der Natur unterwegs bin, entdecke ich leuchtend rote Hagebutten an dornigen Zweigen und rote Weißdornfrüchte – ein unverwechselbares Zeichen, dass der Herbst Einzug gehalten hat. Das Laub der Bäume verfärbt sich und schwebt sanft herab, die Pflanzen welken und ziehen sich ins Erdreich zurück.

Auch die hübschen weißen Blüten unserer Schafgarbe haben ihre Farbe verloren und beginnen, braun und unansehnlich zu werden. Das Pflanzenjahr neigt sich dem Ende zu. Nun ist es an der Zeit, die Wurzeln zu ernten. Die Schafgarbe bildet recht flache Wurzeln aus, sodass man sie ohne größere Umstände aus der Erde befreien kann. Bedenken Sie beim Wurzelgraben bitte immer, dass Sie die Pflanzen damit vollständig entfernen. Diese Pflanze wird im nächsten Jahr nicht wieder wachsen können. Ich selbst ernte deshalb immer achtsam und entnehme nur so viel Pflanzenmaterial, wie ich unbedingt benötige.

Ich hebele die verwelkte Schafgarbe aus dem Boden, befreie den Wurzelstock von loser Erde und schneide die oberirdischen Teile ab. Zu Hause angekommen wasche ich die Wurzel mithilfe einer kleinen weichen Bürste unter fließendem Wasser ab. Die Wurzel der Schafgarbe wurde in alten Zeiten bei Augenkrankheiten verwendet. Man legte sie dazu kreisförmig um das erkrankte Auge, eine Anwendung, die heute nicht mehr üblich ist.

Die Wurzel der Schafgarbe und die getrockneten Blätter und Blüten fanden auch als magische Schutzpflanzen Verwendung. Bei unseren Vorfahren galt die Schafgarbe speziell als Pflanze gegen Geister und Dämonen. Wenn die dunkle Jahreszeit beginnt, öffnen sich die Tore in die Anderswelt, die Nebel werden dichter und es setzt die Zeit des Räucherns ein. Das Räuchern mit heimischen Pflanzen ist im Brauchtum tief verankert. Das Verbrennen der Pflanze setzt ihre groben Inhaltsstoffe frei, doch zugleich zeigt sie ihre feinstofflichen Kräfte und verbreitet ihre ganz besonderen Seelenschwingungen. Auch hierin ist jede Pflanze einzigartig. Schamanen aller Kulturen wussten schon sehr früh: Eine Pflanze kann nur dann wirkliche Heilarbeit leisten, wenn man beide Ebenen, die grobstoffliche und

die feinstoffliche, mit einbezieht. Beim Räuchern kann uns so auch das große Geistwesen der Schafgarbe zugutekommen.
Die Schafgarbe ist eine beliebte Räucherpflanze unseres Kulturkreises. Ihre Wurzel oder das blühende Kraut verräuchern wir auf glühenden Räucherkohlen oder auf einem Stövchen. Der Rauch der Schafgarbe schenkt gute Träume und lässt keine Albträume zu. So zäh und stark wie ihr Stängel zeigt sie sich auch als Räucherkraut. Sie hilft uns, in unsere Mitte zu finden, zentriert zu sein. Zugleich stärkt sie unser inneres Gleichgewicht und wirkt schützend. Die Schafgarbe reinigt beim Räuchern von schlechten Energien und wirkt erhellend. Sie erwärmt und gibt innere Stärke. In Räucherungen für die Weiblichkeit darf sie, genau wie im körperlichen Bereich, nicht fehlen. Während der zwölf heiligen Raunächte reinigt sie gemeinsam mit Salbei und Beifuß ganze Häuser – ebenso wie unsere Aura.
Nicht umsonst bezeichnete man dieses Kraut mit so vielfältiger Wirkkraft als das „Heil aller Welt“. Diese sanfte kleine Pflanze, mit ihrem starken Stängel und solch großen Kräften nicht zu nutzen wäre unverzeihlich.
Besonders bemerkenswert finde ich immer wieder, dass unsere moderne Wissenschaft oft nachträglich beweist, was unsere Vorfahren schon seit langer Zeit wussten. So fanden Archäologen in den 1950er-Jahren in Neandertalergräbern im Irak Blütenpollen von verschiedenen Pflanzen, darunter auch der Schafgarbe. Es gibt dazu die Theorie, dass diese Pflanzen den Verstorbenen für die Reise in ein anderes Dasein, sozusagen als Heilmittel griffbereit ins Grab gegeben wurden. Dies ist zudem ein weiterer Beweis dafür, dass die Schafgarbe in der Volksheilkunde schon seit sehr langer Zeit zu den wichtigsten Pflanzen gehörte.

SPITZWEGERICH

Der Spitzwegerich darf in keinem Kräuterbuch fehlen. Schon lange weiß man, welch wertvolle Heilpflanze er ist. Er wurde schon früh in Zaubersprüchen erwähnt und stellt mit seinem mächtigen Pflanzengeist und den kraftvollen Inhaltsstoffen so manch andere Pflanze in den Schatten. Schon den Germanen war seine heilkundliche Wirkung bekannt. *Wegarih* steht für König oder Herrscher, was man übersetzen könnte als „der König der Wege“. Das spiegelt sich auch schon im Neunkräutersegen wider. Dort heißt es:

„Und du, Wegerich, der Kräuter Mutter,
nach Osten geöffnet, im Innern mächtig;
über dir knarrten Wagen, über dir weinten Frauen,
über dir schrien Bräute, über dir schnaubten Stiere.
Allen hast du widerstanden, und dich widersetzt;
Ebenso widerstehe dem Gift und der Ansteckung
Und dem Übel, das über Land fährt.“

Beim Spitzwegerich scheint es mir, als habe er die Kraft, uns an unsere Gesundheit zu erinnern. Er gemahnt uns an den Bauplan für einen gesunden Körper. Er schenkt uns Lebensenergie und aktiviert unsere Selbstheilungskräfte. Nicht nur bei Atemwegserkrankungen hat er sich etabliert. Besonders seine natürlichen antibiotischen Kräfte machen ihn in der Kräuterheilkunde zu einem wahren Meister. Und er kann noch so viel mehr! Lassen Sie uns eintauchen in die Welt der Wegeriche und ihrer Kräfte.

PFLANZENSTECKBRIEF

Name: In seinem wissenschaftlichen Namen *Plantago lanceolata* steckt einiges Wissenswertes. *Planta* bedeutet Fußsohle oder Pflanze. *Agere* heißt bewegen, und das Wort *lanceolata* weist auf seine lanzettlichen Blätter hin.
Pflanzenfamilie: Wegerichgewächse (Plantaginaceae)
Volksnamen: Heilblatt, Lungenkraut, Rippenkraut, Schlangenkraut, Schmaler Wegerich, Siebenrippe, Stolzer Heinrich, Wundblatt, Wundenkraut.
Erkennen: Aus einer Blattrosette, die den Winter über erhalten bleibt und sich vor der Kälte flach auf den Boden drückt, schiebt der Spitzwegerich im Frühjahr seine lanzettlichen Blätter nach oben. Meist hat das Blatt sieben, manchmal drei oder fünf Rippen, die ihm seine besondere Stabilität verleihen. Sie laufen parallel zueinander und treffen an der Blattspitze zusammen.
Von Mai bis September blüht der Spitzwegerich. Seine unscheinbaren Blüten sitzen auf einem bis zu 40 cm hohen blattlosen und gefurchten Stängel. Die Blüten stehen in einer dichten walzenartigen Ähre. Zur Blütezeit umringen die gelblichweißen Staubgefäße filigran den Blütenstand, was sehr hübsch anzusehen ist.
Aus jeder kleinen Einzelblüte entwickelt sich eine Kapselfrucht mit einem Deckel, in der zwei kleine, dunkel gefärbte Samen sitzen. Werden sie feucht, so bildet sich eine Schleimschicht. Eine Spitzwegerichpflanze kann in ihrem Leben bis zu 40 000 Samen produzieren. Da diese so schleimhaltig sind, bleiben sie an Schuhen oder im Fell von Tieren haften und werden auf diese Weise huckepack ganz nebenbei verbreitet.
Der Spitzwegerich hat eine reich verzweigte, robuste, faserige Wurzel, die bis zu 60 cm tief in die Erde reichen kann.
Verwechsler: Der Spitzwegerich kann verwechselt werden mit dem Breitwegerich (*Plantago major*) und dem Mittleren Wegerich (*Plantago media*). Diese drei Brüder und einige andere gehören in die Gattung der Wegeriche. Eins haben sie alle gemeinsam: Sie sind ungiftig. In der Wirkung sind sie jedoch dem Spitzwegerich nicht gleich.
Der Breitwegerich ist einfach vom Spitzwegerich zu unterscheiden. Er hat deutlich breitere, fast runde Blätter und heilt müde und schmerzhafte Füße. Seine wundheilende Wirkung ist heute wieder bestätigt. Der dritte im Bunde ist der Mittlere Wegerich. Seine Blätter sind sozusagen eine Mischung aus den beiden anderen Wegerichen. In der Heilkunde verwendet man ihn weniger.
Sammeln: Vom Spitzwegerich sind alle Pflanzenteile essbar. Die jungen Blätter im Frühling bis in den Spätsommer hinein, die Blüten und Samen zur Reife. Die Wurzel wird weniger angewendet. Die Kommission E empfiehlt den Spitzwegerich bei Katarrhen der Atemwege, bei entzündlichen Veränderungen der Mund- und Rachenschleimhaut sowie bei entzündlichen Veränderungen der Haut. Nebenwirkungen und Gegenanzeigen sind nicht bekannt.

FRÜHJAHR

Im zeitigen Frühling halte ich Ausschau nach den ersten Wildkräutern. Bald entdecke ich am Wegesrand die jungen frischen Blätter des Spitzwegerichs. Als die „Meister der Wege“ bezeichnet man den Spitzwegerich und seine Geschwister, den Breitwegerich und den Mittleren Wegerich. Denn sie wachsen überall auf unseren Wegen, Wiesen und an Wegrändern. Aus einer flachen Winterrosette treiben kleine, spitze grüne Blätter. Schauen Sie, wie zart sie noch sind! Jetzt können wir sie wunderbar als grünes Powerfood genießen. Denn der Spitzwegerich enthält wertvolle Vitamine wie Vitamin A, K und C.

Die Blätter haben einen champignonartigen Geschmack und geben Wildkräutersalaten ein feines Aroma. Junge Blätter schmecken gut in gesunden Smoothies und in Kräuterbutter, Quark oder Wildkräutersuppen. Außerdem gehören die Blätter in die Neunkräutersuppe, die traditionell am Gründonnerstag zubereitet wird. Die Blätter bereichern Salate und geben zusätzliche Vitalstoffe und Chlorophyll.

Ein **Frühlingssalat** ist rasch zubereitet. Dazu wasche und zerkleinere ich 1 Kopfsalat, 1 Apfel und 2 Handvoll Spitzwegerichblätter (oder auch Gänseblümchen, Giersch, junge Schafgarbenblättchen, Veilchen oder Ähnliches). Aus 2 EL Apfelessig, 1 EL Zitronensaft, 1 TL Honig, 2 EL Öl sowie Salz und Pfeffer nach Geschmack rühre ich ein erfrischendes Dressing. Zum Schluss etwas süße Sahne aufschlagen, unter das Dressing heben und alles über den Salat verteilen. Jetzt ist der Frühling wirklich da!

Von März bis Juni ernte ich die mittleren, jungen Blätter aus der Blattrosette. Sie können sie frisch in der gesunden Ernährung oder als Heilpflanzen anwenden. Früher wunderte man sich, warum Spitzwegerichherstellungen nicht, wie andere Pflanzenzubereitungen, schimmelten. Man fand heraus, dass sich darin antibiotische Stoffe befinden, die Schimmelbildung verhindern. Heute weiß man, dass einer der Inhaltsstoffe das antibiotisch wirkende Aucubin ist. Dieser Stoff ist nur in der frischen Pflanze wirksam und kann sogar Staphylokokken (also Eitererreger) am Wachstum hemmen. Der Anteil an Aucubin ist in den jungen Blättern deutlich höher als in älteren. Sammeln Sie deshalb die Blätter in den Monaten April bis Juni. Aber Vorsicht! Werden die frischen Blätter mit heißem Wasser übergossen, verliert dieser Inhaltsstoff seine Wirkung. Ich esse beim Sammeln immer wieder mal ein Blättchen frisch.
Im Frühjahr ernte ich auch die walzenförmigen Knospenstände. Die nussig schmeckenden Knospen esse ich manchmal gleich auf der Wiese und was übrig bleibt, lege ich wie Kapern in einen Sud ein oder röste es in der Pfanne an.
Nicht nur im Frühjahr wird der Spitzwegerich als Heilpflanze genutzt. Besonders in den kommenden Sommermonaten kann er uns sein wahres Können als Heilpflanze zeigen.

SOMMER

Zum Sommer hin hat sich der Anblick des Spitzwegerichs gewandelt. Kräftige sattgrüne Blätter treiben nun aus seiner Blattrosette empor. Sie heben sich vom Boden ab und stehen aufrecht um die Blütenstiele herum. Die Blätter können Sie bis in den September hinein ernten. Will man sie trocknen, muss man achtsam vorgehen. Sie werden rasch braun und sind dann wertlos. Entweder Sie legen sie einzeln nebeneinander auf ein Leinentuch oder ein Fliegengitter oder Sie schneiden sie vor dem Trocknen klein. Wenn die Blätter nach der Trocknung ihre grüne Farbe behalten, haben Sie alles richtig gemacht.
Die Heilwirkung der frischen Spitzwegerichblätter ist aus alten Zeiten bekannt. Im altenglischen Neunkräutersegen aus dem 9. Jahrhundert ist seine heilende Wirkung gegen Gift und Ansteckung beschrieben. Damals galt er als *Heilblatt* oder *Wundblatt* und wurde vorwiegend zur Blutstillung und Wundheilung verwendet.

Heute ist der Spitzwegerich besonders wegen seiner antibakteriellen Wirkung bekannt und beliebt. Aber er hat noch andere wertvolle Inhaltsstoffe, darunter weitere antibakterielle und antivirale Substanzen sowie Schleim-, Gerb- und Bitterstoffe, Kieselsäure und Spurenelemente wie zum Beispiel Kalium und Zink. Viele kennen ihn nur als Heilpflanze gegen Atemwegserkrankungen und Husten, doch er kann noch viel mehr. Der Spitzwegerich hat die Kraft, in jeder Zelle die Erinnerung an die Gesundheit wieder wach zu rufen. Er ist eine Pflanze, die unsere Gesundheit wiederherstellt und nicht mit der Krankheit kämpft. Der Körper kann sich mit seiner Hilfe wieder selbst heilen und seinem ursprünglichen Plan folgen. Jede einzelne Zelle vermag so, die ihr zugedachte Aufgabe zu erfüllen.

Die russische Neurochirurgin Dr. Galina Schatalowa (2002) beschreibt die gute Wirkung des Spitzwegerichs bei Lungen- und Magenkrebs. Auch bei anderen Krebsarten zeigt der Spitzwegerich gute Wirkung. So schreibt Susun Weed (1997), das smaragdgrüne Spitzwegerichöl, pur oder in einer Ölmischung auf die Brust gerieben, könne bei Brustkrebs und auch zur Prophylaxe recht erfolgreich sein.

Für ein **Spitzwegerichöl** schneiden Sie die Blätter sehr fein, geben sie halbhoch in ein helles Glas und übergießen sie mit Bio-Olivenöl. Nach 2–3 Wochen an einem warmen Ort und bei täglichem Schütteln filtern Sie ab und füllen in dunkle Fläschchen. Das Öl 2–3-mal täglich sanft auf die Brust massieren. Zusätzlich empfehle ich bei Brustkrebs-Erkrankungen, 3 Tassen Spitzwegerichtee zu trinken.

Da jedoch das Überbrühen mit Wasser einige Inhaltsstoffe zerstört, ist eine **Spitzwegerichtinktur**, eine alkoholische Zubereitung, eine gute Alternative. Dazu schneiden Sie die frischen Spitzwegerichblätter klein, füllen sie halbhoch in ein helles Glas und übergießen mit circa 40%igem Alkohol, zum Beispiel Weinbrand. Nach 3–4 Wochen an einem hellen Ort filtern Sie die entstandene Tinktur ab und füllen sie in dunkle Fläschchen. Von dieser Tinktur nehmen Sie 3-mal täglich 10 Tropfen mit einem Glas Wasser ein. Diese Tinktur lindert zudem Juckreiz und wirkt gegen entzündete Insektenstiche. Für unterwegs fülle ich die Spitzwegerichtinktur in einen kleinen Roll-on-Stift. Vorher gebe ich gut ⅓ Jojoba- oder Mandelöl in die leere Hülse des Stifts. Darauf kommt dann bis zum oberen Rand die Spitzwegerichtinktur. So entsteht eine Öl-Alkohol-Mischung, die gleichzeitig pflegend wirkt.

Unterwegs in der Natur wende ich den Spitzwegerich frisch bei Stichen von Hornissen, Wespen oder Bienen an. Dazu ernte ich im Notfall ein oder zwei größere Blätter, lege sie übereinander und versuche vorsichtig, sie zwischen den Fingern zu verknoten. Dann nehme ich diesen Knoten zwischen beide Handflächen und quetsche unter kreisenden Bewegungen der Hände den Pflanzensaft aus den Blättern. Den grünen Heilsaft streiche ich dann auf den Stich. So lassen Schmerz und Juckreiz schnell nach und ich kann wieder unbeschwert meiner Wege gehen.

> Für einen **Spitzwegerichblätter-Tee** übergießen Sie 1 TL frische Spitzwegerichblätter mit 1 Tasse kochendem Wasser und lassen für 7–10 Minuten ziehen. Sie können auch getrocknete Blätter verwenden, besser ist es jedoch, so lange wie möglich die frischen zu nutzen.
>
> Sind weder frische noch trockene Blätter zur Hand, ist eine **Spitzwegerichsalbe** eine gute Alternative. In meiner Hausapotheke habe ich stets einen kleinen Vorrat davon. Ich übergieße 1–2 EL frische, klein geschnittene Spitzwegerichblätter in einem Topf mit 100 ml Oliven-, Jojoba- oder Mandelöl. Diese Ölmischung erwärme ich auf kleiner Flamme für 1–2 Tage immer wieder sanft und achte darauf, dass sie nicht zu heiß wird, damit die Hitze die wertvollen Inhaltsstoffe nicht zerstört. Dabei rühre ich immer wieder mal. Zum Schluss seihe ich durch ein feines Haarsieb oder einen Kaffeefilter ab. Nun 20 ml Spitzwegerichtinktur und 20 g Bio-Bienenwachs zugeben und wieder sanft erwärmen, bis das Wachs geschmolzen ist. In Salbendöschen abfüllen, abkühlen lassen und dann verschließen. Die Salbe, die etwa 1 Jahr haltbar ist, trage ich auf Wunden, Insektenstiche oder trockene Hautareale auf.

Schon bei den alten Germanen galt der Spitzwegerich als großer Wundheiler. Die in ihm enthaltenen Gerbstoffe haben zusammenziehende und entzündungshemmende Eigenschaften. Andere seiner Inhaltsstoffe wiederum unterstützen die Blutgerinnung. Nicht zuletzt sind es die antibiotischen Stoffe, die bei Verletzungen helfen. Wird das Blatt angequetscht und aufgelegt, verschließen sich Wunden zügig, ohne Probleme zu bereiten. Angst vor einer Verunreinigung durch die Blätter oder einer Blutvergiftung sind unbegründet, da die Pflanze voller antibakterieller und antiviraler Wirkstoffe ist. Kräuterpfarrer Kneipp hat diesen wunderbaren Satz über den Spitzwegerich formuliert: „Wie mit Goldfäden näht der Wegerichsaft den klaffenden Riss zu, und wie an Gold sich nie Rost ansetzt, so flieht den

Spitzwegerich jede Fäulnis und faules Fleisch.“ Wenn Wunden nicht heilen wollen, ist es einen Versuch wert, die Verletzung vorsichtig mit einer Honigauflage zu säubern, um sie dann mit den zerquetschten Blättern oder dem Heilsaft des Spitzwegerichs zu bestreichen.

Sogar bei Hautkrebs wird Spitzwegerich empfohlen. Legen Sie dazu Teeumschläge oder die zerquetschen Blätter täglich auf die betroffene Hautpartie auf. Begleitend trinken Sie 3-mal täglich 1 Tasse Spitzwegerichblätter-Tee.

Bei Hauterkrankungen wie Ekzemen, Dermatitis oder Furunkeln legt man ebenfalls mehrmals täglich Auflagen auf oder spült die Hautareale mit dem abgekühlten Tee. Die Blätter hierfür sammle ich den ganzen Sommer über immer wieder frisch.

Nicht nur die Haut, auch die Schleimhäute profitieren von der Kraft des Spitzwegerichs. Spülungen oder Auflagen helfen bei Augen- und Bindehautentzündungen, trockenen Augen oder anderen Augenerkrankungen. Die Schleimstoffe befeuchten die Schleimhäute und schützen vor Austrocknung. Für Auflagen gebe ich ein kleines Leinen- oder Baumwolltuch in den abgekühlten Tee, wringe es aus und lege es auf oder ich spüle die Augen mit dem Aufguss.

Nach den Regeln der Astromedizin ist der Spitzwegerich eine Merkurpflanze. Mit dem Planeten Merkur oder Hermes, dem geflügelten Götterboten, bringt man im Körper alles in Verbindung, was mit Kommunikation zusammenhängt. Dazu zählen Stimme, Atmung und Stoffwechsel. Wie wir heute wissen, kräftigt und stärkt die Kieselsäure des Spitzwegerichs das Lungengewebe, die Pflanzenschleime beruhigen die Schleimhäute und die Gerbstoffe wirken festigend und lindern den Schmerz. Die antibakteriellen Stoffe im frischen Spitzwegerich bekämpfen die eingedrungenen Erreger, dadurch wird der Husten gehemmt und mit den in ihm enthaltenen Bitterstoffen tonisiert der Spitzwegerich den gesamten Organismus. Dieses alte Wissen wird durch die moderne Kräutermedizin bestätigt. Der Spitzwegerich ist ein wunderbarer Helfer für die Atemwege und findet Einsatz bei Erkältungskrankheiten, Lungenentzündung und Bronchitis. Bei heftigen Hustenattacken lindert er sogar die Schmerzen im Brustraum und fördert das Allgemeinbefinden. Es wird empfohlen, 3 Tassen Tee am Tag zu trinken.

> Zusätzlich können Sie die Brust mit einem **Hustenöl** einreiben. Dazu geben Sie frische klein geschnittene Spitzwegerichblätter halbhoch in ein helles Glas und übergießen sie mit bestem Oliven- oder Jojobaöl, bis alles bedeckt ist. Dieses Glas kommt für eine Woche auf eine warme, helle Fensterbank und wird täglich geschüttelt. Bei Atemwegserkrankungen tragen Sie das Öl auf die Brust auf. Auch bei Insektenstichen oder Wunden wirkt es lindernd und heilend. Mit etwas Bienenwachs und etwas Kakaobutter kann das Hustenöl als Grundlage für eine pflegende und heilende Salbe dienen. Durch die Zugabe von 5 Tropfen ätherischem Lavendelöl auf 30 ml Hustenöl erhalten Sie ein wunderbares hautpflegendes und abheilendes Öl. Mit 5 Tropfen ätherischem Thymianöl (Linalool) vermischt unterstützt es außerdem die Wirkung bei Atemwegserkrankungen.

Die Anwendungsgebiete der Spitzwegerichblätter reichen aber noch viel weiter. Bei Entzündungen von Mandeln, Kehlkopf, Luftröhre oder Rachen kaue ich die frischen Blätter oder trinke täglich 3 Tassen Spitzwegerichtee. Sogar bei Keuchhusten wendet man ihn an: Nehmen Sie 3-mal täglich 1 Tasse Tee aus den frischen Blättern oder 3-mal täglich 10–15 Tropfen der Tinktur in warmem Wasser gelöst ein.

Auch wenn trockener Hustenreiz Sie quält und das Kribbeln im Hals nicht mehr aufhören mag, sollten Sie die schleimhaltigen Kräfte des Spitzwegerichs nutzen.

Früher bereitete man bei solchem Hustenreiz einen **Kaltauszug** aus dem Spitzwegerich. Die Meinung, kochendes Wasser zerstöre die Schleimstoffe in Pflanzen, hat sich hartnäckig gehalten. Seit einiger Zeit weiß man aber, dass heißes Wasser den Schleimstoffen nicht schadet. Grundsätzlich kann der Spitzwegerich auch mit kaltem Wasser aufgegossen werden. Dieser Auszug sollte aber wegen der möglichen Keimbelastung nach 2 Stunden getrunken sein. Geben Sie 1–2 TL frische Spitzwegerichblätter klein geschnitten in eine Tasse, dazu eventuell 1 TL getrocknete oder frische Malvenblüten. Darüber gießen Sie heißes Wasser und lassen alles für circa 20 Minuten ziehen. Nun seihen Sie ab und trinken langsam und schluckweise.

Die pilzhemmenden Stoffe der frischen Blätter spielen bei der Behandlung von Soor, einer Pilzerkrankung der Mundschleimhaut, eine Rolle. Das Kauen der frischen Blätter oder eine Mundspülung mit Tee verhindert die weitere Ausbreitung und mildert spürbar die Schmerzen.
Nun, später im Sommer, ändern die Blätter des Spitzwegerichs erneut ihre Erscheinung. Ihre Rippen werden fester und ihr Geschmack bitterer.
Wer es lieber süßer mag, dem rate ich zu einem Erdkammersirup, wie ihn unsere Vorfahren herstellten. Dazu schichtet man frische Spitzwegerichblätter abwechselnd mit Honig in einen Tontopf und vergräbt ihn für etwa 3 Monate in der Erde. Das Ergebnis ist eine allgemein kräftigende Arznei, die auch als gutes Hustenmittel dient.

Versuchen Sie sich doch an einem solchen **Erdkammersirup**. Die Gruppen meiner Phytotherapie-Jahresausbildung stellen ihn jedes Jahr wieder her. Nicht immer gelingt er gleich, es braucht dafür etwas Übung.

In alten Rezepten heißt es, man solle schichtweise Honig und frische, klein geschnittene Spitzwegerichblätter in ein Glas pressen. Die unterste Schicht im Glas sowie die letzte soll Honig sein. Außerdem ist ein ausreichender Anteil Pflanzen wichtig. Das Glas wird mit einem Stück Pergamentpapier, darüber einem Stück Leinen abgedeckt und dann alles fest mit einem Draht verschlossen, damit der Sirup in der langen Zeit unter der Erde nicht verrottet. Nach dem Füllen wird das Glas wie beschrieben mindestens 50 cm tief vergraben. Bedecken Sie es zusätzlich mit einem Holzbrett und einem Stein, sonst könnte es passieren, dass Sie es beim Ausgraben beschädigen. Vergessen Sie nicht, den Standort zu kennzeichnen. Nach circa 3 Monaten sollte die Mischung vergoren sein und Sie können 1–2 TL täglich davon einnehmen oder Tees damit süßen.

Dass man den Tontopf (oder heute besser ein Glas), wie in den alten Rezepten beschrieben, gut 50 cm tief in der Erde versenken soll, scheint uns heute etwas ungewöhnlich. Möglicherweise ist die gleich bleibende Temperatur im Erdreich der Grund für diese Angabe.
Wem diese alte Methode zu aufwendig ist: Es geht auch schneller.

Um einen **modernen Spitzwegerichhonig** zuzubereiten, schneiden Sie frische Spitzwegerichblätter sehr klein, geben Sie diese zu ⅓ in ein Glas, füllen mit flüssigem Honig auf und verschließen das Glas mit einem Deckel. Durch die relativ geringe Menge an Kräutern bleibt der Wassergehalt im Honig niedrig, sodass die Gefahr des Gärens nicht besteht. Den Honig für etwa 1 Woche bei Zimmertemperatur stehen lassen, das Glas täglich umdrehen (also auf den Kopf stellen), damit der Spitzwegerich gut ausgezogen wird und dann evtl. durch ein Sieb ablaufen lassen. Allerdings können die kleinen Pflanzenteile auch im Honig verbleiben und mitgegessen oder mitverwendet werden. Sollten Sie zu viel Pflanzenmaterial eingefüllt haben, zieht der Honig das Wasser aus den Pflanzen (Osmose-Prozess). Sehen Sie oben auf dem Honig dann Wasser schwimmen, ist der Honig nicht lange haltbar. Wasser und Zucker würden zusammen anfangen zu gären. Ist Ihr Honig perfekt gelungen, kann er bei kleinen Wunden, Pickeln oder Nagelbettentzündungen sehr schnell die Schmerzen nehmen und die Entzündung abheilen lassen. Zugleich schmeckt er mir ganz wunderbar auf einer Scheibe Brot.

Unglaublich spannend finde ich, dass der Spitzwegerich stimulierend auf die Interferonbildung wirkt. Interferone sind Eiweiße, die von Zellen bei einer Virusinfektion gebildet werden und nichtinfizierte Zellen vor demselben Virus, aber auch vor anderen Viren (darunter Tumorviren) schützen. Durch seine immunstärkenden Eigenschaften, die unsere Selbstheilungskräfte aktivieren, ist er ein patenter Helfer bei Infektionskrankheiten. So leistet der Spitzwegerich bei Borreliose wertvolle Dienste. Durch das Essen von zwei bis drei frischen Blättchen täglich, dazu weitere immunstärkende Maßnahmen, wie etwa viel Schlaf, Bewegung an frischer Luft, gesunde

Nahrung und gutes Wasser, unterstützen Sie den Heilungsprozess erheblich. Auch bei Blasenentzündung oder erhöhten Blutfettwerten rät man zu den frischen Blättern.
Bei Gicht senkt der Tee, über 3–4 Wochen regelmäßig getrunken, die erhöhten Harnsäurewerte. Maria Treben (2010) behandelte mit dem Tee sogar Magengeschwüre. Aber auch als Zauberpflanze hat der Spitzwegerich seinen festen Platz im Brauchtum. Hildegard von Bingen rät dazu, den Tee als Einlauf anzuwenden, um Liebeskummer zu besiegen. Spätere Rezepte berichten, der Tee der Blätter, an 5 aufeinanderfolgenden Tagen getrunken, helfe, dass der Liebeskummer verschwinde. In einem alten französischen Rezept aus dem 17. Jahrhundert riet man, den Spitzwegrich, in Wein eingelegt, als Aphrodisiakum zu nutzen. Wörtlich heißt es dort: „Man lege Spitzwegerichblätter in bestem Wein ein und nehme von diesem Liebeswein vor einem Rendezvous reichlich ein." Die Wirkung bleibt abzuwarten!
Im Sommer reifen die Samenstände der Wegeriche heran. Bis in den September hinein ernte ich nun die reifen braunen Samenstände von Spitz- oder Breitwegerich auf Wiesen und an trockenen, steinigen Wegrändern. Die schleimhaltigen Samen wurden von europäischen Auswanderern bis nach Amerika verschleppt und bekamen von den Indianern den Namen „Fußstapfen des weißen Mannes“. Der Spitzwegerich wächst hinter uns her, weil die Samen von Mensch und Tier leicht mitgetragen werden. Die Samen haben perfekte Reife, wenn man sie mit der Hand leicht abstreifen kann. Beim Abstreifen gelangen relativ viele Samenhüllen, die die Samen wie Zipfelmützen umschließen, mit in mein Sammelgefäß. Möchte ich die Samen ganz fein ohne Samenhüllen trocknen, schüttle ich meine Ernte einfach durch ein Sieb. Die kleinen dunklen Samen fallen durch und die Spreu bleibt zurück. Eventuelle Rückstände puste ich sanft weg. Die Hüllen können aber auch einfach mit verwendet werden.
Die Samen verzehre ich manchmal gleich oder lasse sie noch 1–2 Tage trocknen und verpacke sie dann dunkel, bevor sie gelagert werden.
Schauen Sie die kleinen Samen genauer an, vielleicht erkennen Sie die Ähnlichkeit zu Katzenflöhen. Daher kommt der Begriff Flohsamen. Die Samen der Wegeriche zählen zu den Quell- und Gleitmitteln und werden bei Magen- und Darmerkrankungen angewendet. Die in ihnen enthaltenen Schleimstoffe binden Wasser, das die Samen aufquellen lässt. Dadurch sorgen sie im Darm für eine gesunde Darmflora, eine gute Verdauung und einen weichen Stuhlgang. Wichtig bei der Einnahme solcher Quellmittel,

wie auch bei Leinsamen und indischen Flohsamen, ist immer, auf eine ausreichende Flüssigkeitszufuhr zu achten. Andernfalls können die Samen im Darm nicht genügend quellen. 1–2 TL Samen täglich in Quark, Müsli oder Smoothies reichen aus. Werden sie vorher in der Pfanne kurz angeröstet, schmecken sie köstlich in Salaten. Die Samen können unbedenklich verwendet werden.

Wegerichsamen fand man übrigens schon in den Mägen von Moorleichen aus der Eisenzeit (1200–1000 vor Christus). Ob diese Menschen die Samen als Nahrungs- oder als Heilmittel verwendeten, bleibt uns aber leider verborgen.

Da der Spitzwegreich keine Nebenwirkungen hat und keine Wechselwirkungen aufweist, können Sie ihn in allen seinen Teilen unbedenklich einsetzen. Natürlich ist gerade bei Heilpflanzen zu beachten, dass „die Dosis das Gift macht“. Anwendungen werden immer kurmäßig durchgeführt und dazwischen Pausen eingelegt. Flohsamen, wie man sie in Apotheken oder Reformhäusern kaufen kann, stammen von der indischen Wegerichart *Plantago ovata*.

HERBST

Sobald sich der Herbst ankündigt, ist es wieder Zeit, die Wurzeln zu graben. In der modernen Pflanzenheilkunde hat die Spitzwegerichwurzel ihre Bedeutung verloren. Trotzdem ist es spannend zu lesen, welchen Wert sie früher besaß, und es hilft, das Bild der Pflanze abzurunden.
Wurzeln, die zu Heilzwecken dienten, wurden als sogenannte Zauberwurzeln gegraben, oft verbunden mit bestimmten Ritualen. So sprach man bei der Ernte Zauberverse, die manchmal noch aus assyrischer oder keltischer Zeit stammten, zum Erntezeitpunkt wurde der Mondstand genau beachtet und ebenso die Erntestunde. Nichts wurde dem Zufall überlassen, denn nur so war die Heilwirkung gegeben. Allein wenn alle Regeln eingehalten wurden, war die Wurzel auch wirklich kräftig genug, um Krankheiten zu heilen. Auch heute noch hält man beim Graben der Wurzel bestimmte Rituale ein. Schließlich wird die Pflanze, wenn Sie ihre Wurzel aus der Erde nehmen, vernichtet. Ein Eingriff in die Natur und eine Frage der Nachhaltigkeit. Deshalb bin ich beim Umgang mit den Wurzeln immer besonders achtsam.
Hildegard von Bingen verwendete die Wurzel des Spitzwegerichs bei Knochenbrüchen. Eingelegt in Honig wurde sie dann morgens nüchtern gegessen. Zusätzlich legte man gekochte Blätter auf die gebrochenen oder verletzten Knochen auf. Sogar in Shakespeares „Romeo und Julia" hat diese Anwendung ihren Auftritt. Im ersten Akt sagt Romeo zu Benvolio: „Ein Blatt vom Wegerich dient dazu vortrefflich." Benvolio darauf: „Wozu?" Romeo antwortet: „Für dein zerbrochenes Bein."
Wegerichwurzeln wurden außerdem bei Ohren- und Zahnschmerzen aufgelegt. Auch solche Anwendungen sind heute nicht mehr bekannt.
Zu guter Letzt sind die Samen der Wegeriche für überwinternde Singvögel wie Finken und Meisen eine wertvolle Futterquelle. Aus diesem Grund belasse ich viele schöne Exemplare in der Natur.

THYMIAN

Nach meinen Kräuterwanderungen setze ich mich oft an einen sonnigen Hang und genieße die Natur. Im Sommer blühen hier die Kräuter um die Wette, Johanniskraut und Labkraut gelb und zwischendrin der Odermennig und das Eisenkraut, sie alle umtanzt von bunten Schmetterlingen. Und wenn man genau hinschaut, entdeckt man, ganz klein im Gras verborgen, den blühenden Thymian oder Quendel. Ich genieße die Ruhe und die Natur in meiner wilden grünen Oase und beobachte die Bienen, die sich am Quendel laben und von Blüte zu Blüte ziehen. Er ist so klein und wäre sein Lila nicht so leuchtend, er wäre fast nicht zu erkennen.

Seit langen Zeiten genießt der Thymian mit seinen Geschwistern bei uns Menschen großes Ansehen als Heilpflanze. Das „Antibiotikum der armen Leute“ wurde er genannt, denn seine Heilkräfte sind immens. Auch in der Aromatherapie kennt man ihn als eine wichtige Heilpflanze. Lassen Sie uns gemeinsam in ein großes Polster Feldthymian eintauchen, seinen aromatischen Duft genießen, dem Summen der Insekten lauschen und dabei träumen.

„Wie duftet da so kräftig
Als wie von Arzeneien
Und edlen Spezereien
Ein Rüchlein durch die Luft!
Von Blumen, dran geschäftig
Die Finger sich gerieben,
Ist ihnen hangen blieben
Der würzereiche Duft.“

Karl von Gerock, 1815–1890

Name: Um es gleich vorwegzunehmen, beim Thymian wird es ein wenig turbulent. Es ist eine sehr vielfältige Gattung mit über 300 Arten und Unterarten sowie vielen Züchtungen. Wir wollen uns hier nur auf den Echten Thymian oder Gartenthymian (*Thymus vulgaris*) beziehen sowie die beiden wilden Arten, den Feldthymian (*Thymus pulegioides*) und den Sandthymian (*Thymus serpyllum*). Die wilden Arten sind schwer voneinander zu unterscheiden. Da sie jedoch in ihrer Wirkung einander sehr ähnlich sind, spreche ich nachfolgend einfach vom Quendel, wie die wilden Arten auch genannt werden.

Thymian – der Name soll vom altägyptischen Wort *Tham* stammen, was eine stark duftende Pflanze bezeichnet, die zur Waschung und Einbalsamierung von Verstorbenen verwendet wurde. Aus *Tham* wurde im antiken Griechenland *Thymon* und später dann in Rom der Name *Thymian*.

Pflanzenfamilie: Lippenblütengewächse (Lamiaceae)

Volksnamen: Bienenkraut, Feldkümmel, Liebfrauenbettstroh, Marienbettstroh, Sandthymian.

Erkennen: Der Echte Thymian wächst meist buschig und wird bis zu 30 cm hoch. Seine Stängel sind verholzt und manche Arten bilden am Boden liegende Sprosse, die dort neue Wurzeln ausbilden. Der gezüchtete Gartenthymian hat meist aufrechte Stängel und zahlreiche winzig kleine Blätter, die spitz, oval oder diamantförmig sind. Sie wachsen in Paaren, sind in verschiedenen Grüntönen gefärbt oder sogar mehrfarbig und mit winzigen Öldrüsen ausgestattet. Dadurch entströmt der Pflanze immer ein stark aromatischer Duft. Durch die vielen Züchtungen können sie sich in Blattform und Duft stark voneinander unterscheiden. Die winzigen Blüten erscheinen in Gruppen von drei bis sechs und sind rosa- bis lilafarben. Sie blühen zwischen Mai und August.

Der wilde Thymian oder Quendel ist meist kleiner. Er wird oft nur 5 cm hoch und liegt wie ein Kissen am Boden oder hängt von kleinen Anhöhen oder Steinen herab. Bei den wilden Arten sind die angenehmen Duftnoten recht unterschiedlich ausgeprägt. Sie reichen von stark thymianartig bis zitronig. Seine Blüten sind fliederfarben, weißlich oder blassrosa. Der Quendel lässt sich leicht an einen kalkarmen, trockenen Ort umsiedeln und kann so auch Ihren Garten schmücken. Er liebt die Sonne und wächst gerne an Wegrändern, sogar hoch oben in den Bergen. Der Quendel besitzt die gleichen Wirkungen wie der Thymian, nur sind sie schwächer ausgeprägt. Da er in fast ganz Europa vorkommt, hat er einen hohen Stellenwert in der Volksmedizin.

Der Echte Thymian stammt ursprünglich aus der Mittelmeerregion und wird seit langer Zeit als Heil- und Gewürzpflanze angewendet. Der Quendel ist bei uns heimisch und liebt trockene, sonnige Standorte. Thymiane sind meist mehrjährig und kommen je nach Sorte recht gut durch die kalte Jahreszeit.

Verwechsler: Den Thymian kann man nicht verwechseln.
Sammeln: Vom Thymian erntet man die gesamte Pflanze von Mai bis August.
Anwenden: Der Thymian kann zu Heilmitteln verarbeitet werden, findet durch seine Würzigkeit aber immer auch seinen Weg in die Küche.
Die Kommission E beschreibt seine Anwendung bei Bronchitis, Katarrhen der oberen Luftwege, Keuchhusten, Magenschleimhautentzündung und Mundgeruch. Gegenanzeigen und Wechselwirkungen mit anderen Medikamenten sind nicht bekannt. Schwangere und Menschen mit Schilddrüsenüberfunktion sollten auf die Dosierung achten. Beim Thymiantee sind keine Nebenwirkungen zu befürchten. Das ätherische Öl sollte nur äußerlich angewendet werden.

FRÜHJAHR

Die Hochzeit des Thymians ist der Sommer. Erst wenn sich seine ätherischen Öle ausgebildet haben, wird er für uns zur hochgeschätzten Heilpflanze. Der Thymian ist wintergrün, doch wenn im Frühling die ersten frischen Blättchen erscheinen, verwendet man am besten diese, zum Beispiel für Salate und Brotaufstriche. Sein sanft würziges Aroma, das er auch jetzt schon bietet, bereichert Smoothies, schmeckt köstlich in Kräuterbutter und macht sich gut in Kräutersalzmischungen.
Sucht man den Thymian in der Natur, sollte man sich auf trockenen, sonnigen und nährstoffarmen Wiesen umschauen. Dort findet man ihn oft in der Nähe von Ameisenhaufen oder Maulwurfshügeln. Der Thymian unterhält eine innige Beziehung zu Ameisen, die beiden mögen sich sehr. Thymian liebt die Wärme, die er auf den kleinen Ameisenhügeln findet. Gleichzeitig kann er sich auf aus dem Gras ragenden Hügeln gut herausheben, sonst hätte er in seiner Winzigkeit wenig Chancen zu wachsen. Die Ameisen wiederum verschleppen die kleinen dunklen Samenkügelchen, anscheinend um sie zu fressen. Der positive Nebeneffekt: Durch die ätherischen Öle im Thymian wird gleichzeitig der Ameisenstock vor Schädlingen geschützt. Zufall? Ich glaube nicht!
Später, wenn er blüht, wird er häufig von kleinen Käfern, Schmetterlingen und Bienen besucht. Sie alle mögen den Thymian und nutzen ihn als Nahrungsquelle.

SOMMER

Wenige Woche später, wenn der Quendel seine kleinen fliederfarbenen Blüten zeigt, erfüllt der angenehme warme Duft seiner Kissen die Umgebung und lädt zum Verweilen ein. So hübsch sind seine Polster anzuschauen, dass man sich beinahe darauf betten möchte. Ich ernte von dem Zwergstrauch ein kleines Ästchen und zerreibe es zwischen den Fingern. Beim Einatmen der Aromen spüre ich sofort seine große Kraft. Die Kraft der ätherischen Öle.

Die Geschichte des Thymians führt uns 3500 Jahre zurück, bis in das alte Ägypten. Wir wissen davon aus einer ehrwürdigen Schrift, dem Papyrus Ebers. Um den Jahreswechsel 1872/73 kaufte der sächsische Gesandte Georg Ebers im Auftrag seines Königs in Theben eine 20 m lange Papyrus-Rolle an, die sich seitdem im Besitz der Leipziger Universitätsbibliothek befindet. Sie gilt heute als die längste und eine der ältesten erhaltenen Buchrollen mit ganzheitlichen Betrachtungen aus Religion, Magie und Wissenschaft. Auch Heilmittel sowie Rezepturen und ihre Anwendungen

sind in der Schrift behandelt. Neben Pflanzen wie Knoblauch und Wacholder wird dort auch der Thymian genannt.
Demnach kannten schon die Ägypter die pilzhemmenden, antiviralen und antibakteriellen Eigenschaften des würzigen Krauts. Aber auch zu anderen Zeiten in anderen Kulturen hatte der Thymian seinen Platz in Medizin und Mythos. Einer griechischen Legende zufolge wächst der Thymian dort, wo die Tränen der schönen Helena in Troja den Boden berührten. Die Römer verwendeten ihn prosaischer als Desinfektionsmittel und auf Sizilien brachten die Menschen in Venustempeln Thymian und Rosenblüten der großen Göttin als Opfer dar. Bei uns fehlt der Thymian in den älteren Pflanzenbeschreibungen und heilkundlichen Schriften. Seine erste Erwähnung findet er im 11. Jahrhundert und es scheint, als sei der Thymian erst zu dieser Zeit aus dem Süden über die Alpen zu uns gekommen. Hildegard von Bingen beschreibt ihn dann als Heilmittel bei Keuchhusten und Asthma. Er galt als Orakelpflanze, als Glücksbringer oder als Segensspender bei Fruchtbarkeitsritualen. In England durfte man ihn nicht ins Haus bringen, weil man sonst ein Unglück befürchtete. In anderen Regionen verschenkte man ihn zu Trauungen oder trug ihn für einen reichen Kindersegen am Körper.
Für die Ernte des Thymians oder Quendels wähle ich einen sonnigen Sommertag, am besten um die Mittagszeit. Dann ist der Gehalt an ätherischen Ölen, den wichtigsten Wirkstoffen im Thymian, am höchsten. Zum Ernten benutze ich Schere oder Messer, da die Stängel recht verholzt sind. Beim Abzupfen reißt man sonst oft die ganze Wurzel mit aus der Erde. Das geerntete blühende Kraut kann nun für Tee genutzt, getrocknet oder frisch

verarbeitet werden. Die holzigen Teile verwende ich nicht. Man trocknet die kleinen Thymianästchen auf einer Unterlage aus Leinen oder Gaze. Sind sie trocken, rebele ich Blättchen und Blüten vom Stängel und lagere sie dunkel. Dabei werde ich immer wieder vom Duft verzaubert. Dieses Aroma, das sind die ätherischen Öle, die in den erwähnten kleinen Öldrüsen zu finden sind. Hauptsächlich sind es Thymol und Carvacrol, die beide starke antibakterielle Eigenschaften besitzen.
Im Gartenthymian findet sich ein hochwirksames Ölgemisch. Im Feldthymian, dem Quendel, ist der Gehalt nicht so hoch, aber dennoch wirksam. Schließlich ist es die Pflanze, die hier bei uns wächst und zu uns und unseren Erkrankungen passt. Der Quendel kann sehr gut als Tee bei Atemwegserkrankungen mit Husten und verschiedenen anderen bakteriellen Erkrankungen getrunken werden.

Ein **Thymiantee** ist rasch gemacht. 1 TL frisches oder getrocknetes Thymiankraut übergieße ich mit einer Tasse heißem Wasser. Lassen Sie den Tee für 7–10 Minuten mit geschlossenem Deckel ziehen.

Decken Sie den Thymiantee beim Ziehen immer ab, damit sich die ätherischen Öle nicht verflüchtigen, sondern sich am Deckel als Tropfen sammeln und wieder in den Tee fallen. Der Tee sollte bei Erkältungskrankheiten oder Husten mit Honig gesüßt und schluckweise getrunken werden. Nicht umsonst heißt es: „Die nächste Grippe kommt bestimmt, doch nicht zu dem, der Thymian nimmt."

Für einen **Thymianhonig** benötigen Sie 1 Handvoll blühenden, frischen Thymian und 1 kleines Glas flüssigen Honig. Den Thymian schneiden Sie so klein wie möglich und geben ihn in ein Schraubdeckelglas. Darauf gießen Sie den Honig. Verschließen Sie das Glas und stellen es für 14 Tage an einen warmen Ort. Ist der Honig flüssig genug, wandert der Thymian mit der Zeit nach oben. Drehen Sie daher das Glas täglich einmal herum, damit der Honig die Pflanzenkraft gut ausziehen kann. Sind die Pflanzenteile gut zerkleinert, können sie einfach im Honig verbleiben. Wer das nicht mag, kann ihn vorsichtig im Wasserbad erwärmen und abseihen.

Dass der Thymian eine Heilpflanze bei Husten und Katarrhen der oberen Luftwege ist, das beschreibt schon Leonhart Fuchs in seinem Kräuterbuch von 1543: „Der Thym mit honig gesotten und getruncken ist bequem und

nützlich denen so keichen und einen schweren athemb haben." Solche oder ähnliche Honigauszüge kennt man auch heute noch. Wollen Sie den Thymian für den Winter haltbar machen, legen Sie ihn am besten in Honig ein. Das geht einfach und so sind der Thymian mit dem Honig, der ebenfalls ein guter Helfer bei Erkältungskrankheiten ist, als gesundes Doppel bestens verbunden.

Diesen Thymianhonig können Sie als Süßungsmittel für Erkältungstee nutzen oder teelöffelweise pur einnehmen. Schlecht heilende Wunden lassen sich mit Thymianhonig reinigen und sanft behandeln. Auch für die Küche eignet sich der Honig gut, weil er ein so feines Aroma hat. Ich verwende ihn in Dressing und Obstsalaten.

Thymiantee in Verbindung mit heilsamem Honig leistet bei Erkältungskrankheiten gute Dienste. Eine Teemischung zu gleichen Teilen aus Holunder- und Lindenblüten wird mit Thymian zu einem hervorragenden Mittel, um das Immunsystem anzukurbeln. Thymian fördert gleichzeitig das Schwitzen, was bei Erkältungskrankheiten erwünscht ist.

Die ätherischen Öle und die Saponine im Thymian machen ihn zu einem guten Mittel bei krampfhaftem Husten. Saponine sind Seifenstoffe, die zähen Bronchialschleim lösen und beim Abhusten helfen. Sie wirken auswurffördend und krampflösend auf die Bronchien.

Ein guter **Thymian-Hustensaft** wird in Kombination mit einer Zwiebel hergestellt und wirkt als antibakterielles Hausmittel bei Husten, Bronchitis und Asthma. Schneiden Sie dafür eine Speisezwiebel klein und mischen Sie die Würfel mit 1 Handvoll Thymian sowie 2–3 EL Honig. Diese Mischung stellen Sie abgedeckt für 2 Tage kühl. In dieser Zeit bildet sich ein Saft, den Sie teelöffelweise einnehmen können. Im Kühlschrank aufbewahrt hält er etwa 1 Woche.

Kindern schmecken selbst gemachte Hustenbonbons, sogenannte Kräuterzucker, vielleicht noch besser. Früher wurden solche Kräuterbonbons mit raffiniertem Zucker hergestellt, das hat mich immer abgeschreckt. Jetzt habe ich ein neues Rezept entdeckt, bei dem Birkenzucker zum Einsatz kommt. Ob der nun gesünder ist, sei dahingestellt. Auch Birkenzucker ist nicht „natürlich" und wird nicht etwa aus Birken gewonnen, sondern oft aus Resten von Mais oder Stroh. Allerdings ist er kalorienärmer und belastet den Insulinspiegel nicht.

Kräuterzucker sind eine wohlschmeckende Arznei, die bei Halsschmerzen und Husten helfen. Für die im Rezept angegebene Menge Birkenzucker benötigen Sie etwa 6 TL getrocknete, fein pulverisierte Kräuter wie Thymian, Salbei, Minze, Holunder, Kamille oder Fichtenspitzen. 110 g Birkenzucker verflüssigen Sie zuerst unter ständigem Rühren in einem Topf. Ist er flüssig, nehmen Sie ihn vom Herd und mischen die pulverisierten Kräuter, 2 TL frischen, klein geschnittenen Ingwer und 2 EL Zitronensaft in den warmen flüssigen Birkenzucker. Die Mischung lassen Sie unter Rühren etwas abkühlen und streichen sie auf ein mit Backpapier belegtes Backblech aus. Danach auskühlen lassen und in Form schneiden. Diese Bonbons halten sich etwa 6 Monate.

Thymiantee kann man unterstützend auch bei Keuchhusten trinken. Empfohlen werden 3 Tassen am Tag. Sind Kinder von Keuchhusten betroffen, dürfen Sie zusätzlich besonders Königskerzenblüten, Veilchenblüten und Anis in die Teemischung geben. Sie alle sind Spezialisten für Atemwegserkrankungen.

Für eine **Teemischung bei Keuchhusten** werden Thymian, Veilchenblüten, Königskerzenblüten und Anis zu gleichen Teilen gemischt. Ich übergieße 1 TL der Mischung mit 1 Tasse heißem Wasser und lasse den Tee abgedeckt für 7 Minuten ziehen. Trinken Sie ihn warm und schluckweise. Ein Kräutertee für Kinder wird sanfter dosiert: Im Alter von 3–7 Jahren erhalten sie ¼ TL Kraut auf 1 Tasse Wasser, zwischen 7 und 14 Jahren ½ TL.

Als meine Tochter noch klein war, lebten wir in einer Gegend mit viel Hüttenindustrie. Nicht wenige Kinder litten durch die verschmutzte Luft immer wieder an Bronchitis oder Pseudokrupp. Schon damals empfahlen Kinderärzte, den Kindern dünnen Thymiantee zu trinken zu geben und sie in Thymian zu baden. Ich wusste damals noch wenig von Heilpflanzen und so nutzte ich fertige Badezusätze mit Thymianduft. Heute würde ich mein Kind lieber ganz ohne Zusatzstoffe, nur in Wasser und Thymian baden.

Solch ein **Thymianbad** ist schnell bereitet. Geben Sie etwa 2 Handvoll frischen oder getrockneten Thymian in einen Topf mit etwa 1–2 Liter heißem Wasser und lassen ihn für gut 20 Minuten ziehen. Fügen Sie diesen Aufguss dem Badewasser (Vollbad) zu. Auch hier gibt es für Kinder eine sanftere Dosierung: Im Alter von 3–7 Jahren reicht ½ Handvoll Kraut, für Kinder von 7–14 Jahren nehmen Sie 1 Handvoll Thymian. Für Erwachsene darf es auch das ätherische Thymianöl (Linalool oder Thymian weiß) sein. Geben Sie davon 3 Tropfen in einen Becher Sahne oder in etwas Salz und vermischen Sie es dort zuerst gründlich, bevor sie alles dem Badewasser zufügen. Legen Sie sich nach dem Bad ohne sich abzutrocknen ins Bett. So kann ihre Haut die Wirkstoffe aufnehmen. Bleiben sie mindestens für 20 Minuten liegen und ruhen sich aus.

Sanfte Einreibungen bei Erkältungskrankheiten empfinde ich als wohltuend. Ich kann gut durchatmen und der Schleim wird gelöst. Solche Brustbalsame können Sie schon bei kleinen Kindern mit Husten und Schnupfen anwenden.

Für einen **Brustbalsam** für kleine Hustenkinder legen Sie über Nacht 1–2 TL frisches oder getrocknetes Thymiankraut und 1–2 TL angemörserte Fenchelsamen in 100 ml angewärmtes Mandelöl ein. Am nächsten Tag seihen Sie das Öl ab und schmelzen darin 15 g Bio-Bienenwachs. Ist das Wachs geschmolzen, nehmen Sie den Topf vom Feuer, lassen etwas abkühlen und geben ½ TL Kakaobutter dazu.

Diese Salbe tragen Sie Kindern mit Erkältungskrankheiten auf Brust und Rücken auf. Manchmal findet man in Rezepten anstelle der Thymianpflanze ihr ätherisches Öl. Bitte verwenden Sie es nicht für kleine Kinder. Das kann sie in höchste Not bringen. Bei Anwendungen mit der Pflanze wird das nicht passieren, da in ihr die Menge an ätherischen Ölen nicht so groß ist. Natürlich ist dieser Hustenbalsam auch für Erwachsene gut geeignet.

Auch bei Asthma helfen der Tee oder eine Inhalation mit Thymian unterstützend. Seine ätherischen Öle sorgen für auswurffördernde, sekretlösende und bronchienerweiternde Effekte. Die in ihm enthaltenen Flavonoide zeigen krampflösende Eigenschaften.

Wie erwähnt nannte man den Thymian früher das „Antibiotikum der armen Leute", weil man wusste, welch kräftige Heilwirkung in ihm steckt. Bei Infekten aller Art ist er eine wichtige und vielseitige Heilpflanze. Er stärkt mit seinen Inhaltsstoffen das Immunsystem und wehrt krankmachende Bakterien, Pilze und Viren ab. Schon in alten Zeiten war er hochgeschätzt bei Bronchitis und Husten. Man trank ihn nicht nur als Tee, sondern verräucherte ihn auf glühender Kohle in Krankenzimmern, um diese zu desinfizieren und gleichzeitig eine „gesunde" Atemluft zu schaffen. Für einen frischen Atem kaute man seine Blätter.

Ein **Zahnpulver** stelle ich unter Zugabe von 20 g Birkenzucker und 1 Messerspitze Steinsalz zu 2 EL getrocknetem Thymian (alternativ auch Salbei oder Minze) her. Ich vermahle alles in der ektrischen Kaffeemühle und siebe sperrige Pflanzenteile aus.

Das Zahnpulver kommt direkt auf die Zahnbürste oder in den Mund und wird eingespeichelt und zum Putzen der Zähne verwendet. Die Kombination aus Birkenzucker, Kräutern und Salz wirkt antikariös, plaquehemmend, entzündungshemmend, keimtötend und erfrischt.

Nicht nur im Mund, auch bei akuten oder chronischen Entzündungen der Nasennebenhöhlen kann unterstützend mit Thymian behandelt werden. Erwachsene sollten mit dem ätherischen Thymianöl (Linalool) inhalieren.

Für eine **Inhalation mit ätherischem Öl** geben Sie 1–2 Tropfen davon in eine Schüssel mit etwas Salz und übergießen mit heißem Wasser.

Die Anwendung sorgt für ein gutes Durchatmen auch bei Schnupfen und anderen Erkältungssymptomen und wirkt gleichzeitig antibakteriell und antiviral. Nach einer solchen Inhalation fühlt man sich wie bei einem Kurzurlaub am Meer.

> Für eine **Dampfinhalation mit Heilpflanzen bei Atemwegserkrankungen** geben Sie 1 Teil Thymian, 1 Teil Fichtenspitzen und 2 Teile Königskerzenblüten (ebenfalls geeignet sind zum Beispiel Holunder, Ringelblumen und andere) in eine Schüssel. Die Kräuter übergießen Sie mit heißem Wasser und lassen sie abgedeckt für 10 Minuten ziehen. Danach können Sie vorsichtig inhalieren.

Für Kinder empfehle ich die Inhalation mit Thymian, Zwiebelscheiben und Salz. Für sehr kleine Kinder bedampfen Sie den Raum, indem Sie einfach die dampfende Schüssel außer Reichweite der Kinder im Raum aufstellen. Bei größeren Kindern passen Sie gut auf, dass der Topf mit dem heißen Wasser nicht umgestoßen wird. Stellen Sie die Gefäße mit der heißen Inhalation zum Beispiel in die Spüle, dort stehen sie sicher.
Spülungen mit dem keimtötenden Thymiantee oder mit Thymiantinktur werden bei Entzündungen, Geschwüren, Pilzerkrankungen im Mund oder auf der Haut angewendet.

> Für eine **Thymiantinktur** ernten Sie den blühenden Thymian und schneiden ihn klein. Geben Sie ihn halbhoch in ein helles Glas und übergießen mit 38%igem Alkohol. Das verschlossene Glas für 3–4 Wochen an einen hellen, warmen Ort stellen und täglich schütteln. Danach seihen Sie ab und füllen die Tinktur in dunkle Fläschchen ab. Haben Sie kein dunkles Fläschchen parat, sollte die fertige Tinktur zumindest dunkel aufbewahrt werden, da Licht die ausgezogenen Inhaltsstoffe zerstören würde. Für eine Anwendung im Mund geben Sie die Tinktur mit Wasser 1:1 verdünnt in eine Flasche mit Sprühaufsatz. So lässt sich die Tinktur gezielt einsetzen.

Noch einmal kehre ich zu meinen Thymianpflanzen auf der Wiese zurück. Schauen Sie nur, wie schön die zart fliederfarbenen Polster aussehen. Ich breche ein Thymianästchen ab, sein Duft kitzelt meine Nase und ich spüre, wie sich meine Atmung vertieft. Astrologisch sind solche wohlwollenden Pflanzen wie der Thymian dem Planeten Venus und der Sonne zugeordnet. Venusische Pflanzen sind Balsam für Körper, Geist und Seele und gehören

in Lebenselixiere. Ihre Anwendung ist wohlwollend, zugleich machen sie Lust auf Leben und Liebe. Aus diesem Grund wussten unsere Vorfahren, dass der Thymian einen wichtigen Platz in der Frauenheilkunde hat. Frauen tranken Thymiantee, um sich gesund zu halten und Frauenerkrankungen zu behandeln, um zu verhüten, den Milchfluss anzuregen und die Geburt zu erleichtern. Thymian gehörte zur Freya-Bettstroh-Mischung, einer Mixtur aus heilbringenden, duftenden Kräutern, die jungen Müttern nach der Geburt ins Bett gelegt wurden und der Göttin Freya geweiht waren. Diese Bettstrohkräuter wirkten keimhemmend und milchbildend und stärkten vor allem die Seele. Aus den Freya-Bettstroh-Kräutern wurden später mit der Christianisierung die Maria-Bettstroh-Kräuter, ihre wunderbare Wirkung auf Körper und Geist blieb aber unverändert.

Auch bei der Behandlung bakterieller Erkrankungen und bei Pilzinfektionen im Genitalbereich helfen Waschungen, Spülungen und Sitzbäder mit einem starken Absud aus der blühenden Pflanze, der dem Badewasser zugefügt wird. Bei Vaginalentzündungen, Genitalpilzen oder Blasenentzündungen trinkt man unterstützend 2–3 Tassen warmen Thymiantee täglich für 2–3 Wochen. Zusätzlich verwendet die Frauenheilkunde Anwendungen mit verdünntem, stark wirkendem ätherischen Thymianöl. Dabei gibt es große Unterschiede in der Qualität. Grundsätzlich dürfen

Sie ätherische Öle niemals pur auf die Haut auftragen. Sie müssen immer verdünnt angewendet werden. Oft gibt es neben vielen anderen Sorten die Unterscheidung Thymian rot und Thymian weiß. Bitte benutzen Sie immer das weiße, milde ätherische Öl des Thymians (Linalool) oder lassen Sie sich von einer Aromatherapeutin beraten. Man verwendet das Öl zum Beispiel zum Inhalieren über Wasserdampf, als Einreibung oder als Badezusatz. Für eine Duftlampe geben Sie das ätherische Öl einfach in etwas Wasser. Als Badezusatz kann der Thymian seine hervorragenden durchwärmenden, schmerzlindernden und entspannenden Eigenschaften in der Frauenheilkunde ebenso wie bei Erkrankungen des rheumatischen Formenkreises unter Beweis stellen. Bei diesen Beschwerden werden neben Vollbädern mit ätherischem Thymianöl zusätzlich Einreibungen mit dem Öl empfohlen.

> Um eine **ätherische Öleinreibung** herzustellen, geben Sie in 30 ml Bio-Olivenöl 6–8 Tropfen ätherisches Thymianöl (Linalool). Vor der Anwendung sollten Sie das Öl immer kurz aufschütteln.

Diese ätherische Öleinreibung können Sie auch bei Hautpilzerkrankungen wie zum Beispiel Fußpilz äußerlich anwenden. Nagelpilz lässt sich mit Thymiantinktur, äußerlich 1-mal täglich aufgetragen, behandeln.
Früher hatte man nicht immer die Möglichkeit, ätherische Öle zu kaufen oder selbst herzustellen. Sie werden aufwendig durch Destillation gewonnen und sind sehr flüchtig. Blättert man dann in alten Schriften, liest man, dass die Handhabung der Pflanze damals anders war – direkter. Thymian wurde in Wasser eingelegt, erwärmt, angequetscht und auf die betreffenden Körperteile gelegt, sodass seine Kräfte direkt wirken konnten. Die Inhaltsstoffe kamen so unmittelbar an die betreffenden Körperstellen. Wir würden heute Öleinreibungen auftragen.

> Für ein **sanftes Auszugsöl** geben Sie einige Stängel des blühenden Thymians in ein Bio-Olivenöl und lassen es einige Wochen ausziehen.

Mit Thymianölmischungen oder einer Thymiantinktur reibt man nach einem Schlaganfall oder bei Lähmungen die betroffenen Körperteile 1–2-mal täglich ein, um die Muskulatur wieder zu beleben. Nach dem Einreiben mit der alkoholhaltigen Tinktur ist es wichtig, die Haut nachzupflegen, damit sie nicht austrocknet.

Eine andere sanfte und wohltuende Methode ist die Anwendung von Kräuterkissen. Dazu füllen Sie kleine Leinensäckchen mit getrocknetem Thymian oder auch anderen Kräutern, erhitzen es mit einer Wärmflasche oder über Wasserdampf und legen es auf die betroffenen Stellen auf. Als Badesäckchen können Sie die mit den Kräutern gefüllten Kissen oder Beutelchen einfach unter den einlaufenden Wasserstrahl der Badewanne hängen. So erhalten Sie ein wohltuendes, schmerzlinderndes oder durchblutungsförderndes Bad. Wärmende Kräuterwickel, eine einfache wie zweckmäßige Methode, sind etwas in Vergessenheit geraten. Bei Kräuterumschlägen oder Wickeln nutzt man die feucht-heiße Wärme.

So können **Thymianwickel bei Erkältungskrankheiten** den geschundenen Atemwegen wärmende Entspannung bringen. Für einen Thymianwickel benötigen Sie 1 Handvoll getrockneten Thymian, der mit ½–1 Liter kochendem Wasser übergossen wird. Ich lasse den Sud für circa 7–10 Minuten ziehen. Danach tauche ich ein Leinentuch in die abgekühlte Mischung und wringe es kräftig aus.

Den feucht-warmen Wickel lege ich auf die Brust und bedecke ihn zuerst mit einem Handtuch und dann mit einem Wolltuch. Der Wickel kann so lange liegen bleiben, bis er als unangenehm empfunden wird. Danach mindestens 15 Minuten nachruhen. Legen Sie feucht-heiße Wickel nicht auf entzündete, heiße und rote Gelenke auf.

Kräuterkissen können trocken angewendet werden. Über das Kissen gebe ich eine Wärmflasche und eine Wolldecke. Nach solchen Anwendungen sollten Sie dem Körper stets eine gewisse Ruhezeit gönnen. Thymiankräuterkissen werden beispielsweise bei Gesichtsneuralgien eingesetzt. Zusätzlich können Sie diese Kissen mit Schafgarbe und Kamille füllen. Begleitend trinkt man hier 2–3-mal täglich für 3–4 Wochen Thymiantee.

Das Thymiankraut mit seinen bakterienabwehrenden Eigenschaften findet daneben Einsatz bei Hauterkrankungen wie Akne und schlecht heilenden Wunden. Für eine Wundbehandlung tränken Sie Auflagen in einem starken Thymiantee. Damit reinigen Sie zunächst die Wunde vorsichtig und legen dann eine neue Auflage auf die verletzte Haut auf. Solche Thymianauflagen sollten Sie vor jeder Anwendung frisch zubereiten. Bei Akne können Sie zusätzlich mit einer antiseptisch wirkenden Thymiantinktur

die entzündeten Herde auf der Haut reinigen. Die Thymiantinktur dafür 1:1 mit Wasser verdünnen, um die Haut nicht zu reizen. Neue Untersuchungen zeigen, dass eine Wundheilung durch Thymiantee oder Thymiantinktur komplikationslos verläuft und gut vertragen wird.
In vielen Mittelmeerländern hat der Thymian einen Siegeszug in die Küchen gehalten. Neben seinen bakterienfeindlichen Wirkungen steht hier natürlich besonders sein angenehmer Geschmack im Vordergrund, der in viele Speisen passt. Der in meiner Gegend einheimische Quendel hat ein zitrusartiges Aroma, das sich gut in Würzmischungen macht. Diese verwende ich gern für Eintöpfe und Soßen und gebe damit Kartoffeln oder Fleisch einen mediterranen Pfiff.

> Meine **Harzer Würzmischung** ist einfach hergestellt. Ich verreibe je 1 TL getrockneten Thymian, Oregano, Liebstöckel, Rosmarin und etwas Pfeffer im Mörser. Dann verpacke ich die Mischung in Tüten oder Gläser und lagere sie trocken und lichtgeschützt.

Bis in den August hinein können Sie den blühenden Thymian an sonnigen Tagen für heilende Anwendungen ernten und trocknen. Da der Gehalt an ätherischen Ölen zur Zeit der Blüte am höchsten ist und danach wieder sinkt, erntet man ihn nach der Blüte nicht mehr.
Bei all den guten Eigenschaften sollte man aber immer auch die Dosierung im Auge behalten. Wenden Sie den Thymian kurmäßig für nicht länger als etwa 3 Wochen an, müssen Sie Nebenwirkungen nicht befürchten. In der Schwangerschaft und bei Schilddrüsenüberfunktion sollten Sie aber besser auf ihn verzichten, da der Wirkstoff Thymol die Überfunktion unterstützt. Diese anregende Wirkung auf die Schilddrüse kann bei deren Unterfunktion (Hypothyreose) dagegen sehr wertvoll sein. Zusätzlich finden wir noch Jod und Spurenelemente im Thymian, die für die Bildung des Schilddrüsenhormons wichtig sind. Nebenwirkungen oder Wechselwirkungen mit anderen Präparaten sind vom Thymian nicht bekannt.

HERBST

Die Tage werden kürzer, die Temperaturen frischer, immer öfter senkt sich Morgennebel über Wiesen und Wälder: Der Herbst kündigt sich an. Aus den blühenden, duftenden Thymianpolstern sind struppig aussehende Pflänzchen geworden. Sie ziehen ihre Kräfte zurück und warten auf den neuen Start im Frühling. Jetzt ist die Zeit gekommen, den getrockneten Thymian zu räuchern. Seit ich mich mit Heilpflanzen beschäftige und gespürt habe, wie der Duft von selbst hergestelltem Räucherwerk in meiner Seele seine Wirkungen entfaltet, sammle ich mein Räucherwerk gern selbst. Nur Harze oder edle Hölzer aus fernen Ländern kaufe ich hinzu. Natürlich gehören für mich der Gartenthymian und auch der Quendel unbedingt zu meinem Räucherwerk.
Das Räuchern ist vermutlich so alt wie die Menschheit selbst. Bei Ritualen oder Heilzeremonien haben unsere Vorfahren geräuchert, einerseits, um sich mit den Göttern und Ahnen zu verbinden, andererseits zu heilenden Zwecken. Man merkte offenbar schnell, dass der warme, duftende Rauch von Körper und Seele sehr gut aufgenommen wird und seine heilenden Kräfte verbreitet. So weiß man vom Thymian, dass schon die alten Ägypter ihn zum Schutz vor Krankheiten geräuchert haben. *Thymus* oder *thymos* bedeutet Mut. Thymian weckt den Lebensfunken in uns. Er vertreibt Störungen und lässt uns mutig sein. Thymianräucherungen

schenken Kraft und Selbstvertrauen und helfen uns, uns abzugrenzen. Im körperlichen Bereich werden sie bei Erkrankungen der Atemwege und bei Frauenerkrankungen angewendet. Sie bauen uns auf und helfen, das innere Feuer wieder zu entfachen.
Das blühende getrocknete Kraut wird auf glühende Räucherkohlen gelegt oder auf einem Stövchen sanft über einem Sieb verräuchert, pur oder mit feinen Harzen oder Hölzern gemischt.

> Um eine **Thymian-Räuchermischung** selbst herzustellen, benötige ich 2 TL Thymian, je 1 TL Salbei, Minze, Dost und eventuell Mastix. Ich vermische alle Zutaten, zerreibe sie im Mörser und lege sie auf glühende Räucherkohle. Auch ein Räucherstövchen mit passendem Räuchersieb eignet sich gut dafür.

Mit dem Duft des Thymians während einer Räucherung und der einen oder anderen Tasse Tee lasse ich mir die Zeit bis zum Wiedererwachen der Pflanzen nicht lang werden.

WEISSDORN

Sie erinnern sich sicher noch an Ihre Kindheit. Bestimmt lauschten Sie da auch gebannt dem Märchen vom Dornröschen. Dornröschen, die, nachdem sie sich mit einer Spindel in den Finger stach, 100 Jahre schlief. Diese Spindel war angeblich aus dem Holz des Weißdorns.

Der Weißdorn oder Hagedorn galt schon immer als ein Ort, an dem die Feen wohnten. Viele verzauberte Dinge erzählte man sich von ihm und erstaunliche Geschichten rankten sich um seine wehrhafte Erscheinung.

„Unter allen Dornen ist kaum ein lieblicher Gewächs,
als der Hagedorn.“

Hieronymus Bock

Er zählt zu den schutzmagischen Pflanzen, aber auch als Heilpflanze ist er nicht zu unterschätzen. Ich bezeichne ihn gern als Zeitgeistpflanze. Eine Pflanze, die wir gerade in dieser schnelllebigen Zeit sehr gut gebrauchen und nutzen können. Der Weißdorn ist bei Erkrankungen, die durch Stress, Unruhe, Überforderung und Ängste ausgelöst werden, unentbehrlich. Deshalb ist er als Heilpflanze, die dicht vor unserer Haustür wächst, ein wichtiger Gehilfe bei eben diesen Erkrankungen.

PFLANZENSTECKBRIEF

Name: Woher der deutsche Name Weißdorn kommt (wissenschaftlich heißen unsere bekanntesten Arten *Crataegus monogyna* und *Crataegus laevigata*), darüber ist man sich nicht ganz einig. Einerseits ist er im Frühling über und über mit seinen hübschen weißen Blüten überschüttet, was ihn aussehen lässt wie eine Frühlingsbraut in wallendem Kleid. Andererseits hat er eine hellere Rinde als der Schwarzdorn, vielleicht liegt auch hier der Ursprung seiner Namensgebung. Beim Namensbestandteil Dorn ist die Unsicherheit weniger groß: Er beruht auf den stacheligen, dornenbesetzten Ästen. *Crataegus* im wissenschaftlichen Namen leitet sich vom lateinischen *kratys* oder dem griechischen *krataios* ab und bedeutet „stark". Womöglich bezieht sich das auf das harte Holz.

Pflanzenfamilie: Rosengewächse (Rosaceae)

Volksnamen: Bärbrot, Frauenbeere, Hageapfelbaum, Kindchensbeere, Heckenstrauch, Mehlbeere, Mehlfässchen, Vogelbeere, Zaundorn.

Erkennen: Der Weißdorn wächst als mittelgroßer Strauch, selten auch als Baum und kann mehrere hundert Jahre alt werden. Er zeigt sich dann oft mit einer knorrigen und imposanten Wuchsform. Im Frühling erwachen seine Blattknospen und lassen die Blätter mit ihrer typischen Form entstehen. Die rundlichen Blätter sind auf der Oberseite dunkelgrün glänzend, die Unterseite ist heller. Die Blätter weisen meist 5–7 schmale Lappen auf und haben einen kurzen Stiel. Ab Ende April treiben dann die weißen Blüten aus den Knospen. Sie setzen sich aus fünf weißen Blütenblättern und fünf grünen Kelchblättern zusammen. Aus ihrem Zentrum ragen die vielen Staubblätter mit den leuchtend rot gefärbten Staubbeuteln hervor.

Im Sommer bilden sich aus den vielen Blüten grüne Früchte, die ab September über und über kirschrot leuchtend am Strauch hängen und den Weißdorn ein zweites Mal im Jahr schmücken. Sie sind für mich wie ein Aushängeschild, das den nahen Herbst mit seinen bunten Farben ankündigt. Die Früchte tragen je nach Sorte einen oder zwei steinharte Samen. Im Eingriffligen Weißdorn (*Crataegus monogyna*) findet sich ein Kern, im Zweigriffligen (*Crataegus oxyacantha*) sind es zwei. Auch äußerlich kann man die beiden Arten an den Früchten auseinanderhalten, denn aus den Resten der Kelchblätter am Ende der Beere ragen je nachdem bisweilen ein oder zwei Griffel heraus. Der dritte im Bunde ist der Dickfrüchtige Weißdorn (*Crataegus macrocarpa*). Er trägt Früchte mit einem oder zwei Kernen, kommt sehr häufig vor und hat, wie der Name schon sagt, dickere Früchte. Die Rinde des Weißdorns ist grau und seine Wurzeln reichen tief in die Erde.

Der Weißdorn stellt keine großen Ansprüche an seine Umgebung. Er ist extrem anpassungsfähig und kann sich gut regenerieren. Aus seinen Samen entstehen neue Büsche, allerdings dauert die Keimung eineinhalb Jahre.

Verwechsler: Diese drei hier beschriebenen Artren können verwechselt werden mit anderen Weißdornarten.

Sammeln: Vom Weißdorn erntet man im zeitigen Frühling die jungen Triebe, später dann Knospen, Blätter und Blüten. Im Spätsommer oder Herbst verwendet man die roten Früchte.
Anwenden: Die Kommission E empfiehlt die Anwendung des Weißdorns bei nachlassender Leistungsfähigkeit des Herzens. Gegenanzeigen und Nebenwirkungen sind nicht bekannt.

FRÜHJAHR

Der Weißdorn ist ein typischer Heckenstrauch und wurde von alters her zum Einfrieden von Plätzen und als Begrenzung von Äckern gepflanzt. Zusammen mit Heckenrose und Schlehdorn bildet er undurchdringliche dornenbewehrte Schutzwälle. Sobald Tiere die jungen, frischen Triebe abfressen, wird die Hecke immer dichter, was wiederum Schutz und Geborgenheit für Kleintiere und Vögel bedeutet. Den Vögeln dienen solche lebendigen Zäune als sichere Nistplätze und Insektenquelle.
Solche Einfriedungen hielten nicht nur menschliche Eindringlinge und Tiere ab, sondern boten gleichzeitig einen guten Windschutz. Fruchtbare Böden konnten so nicht ungehindert davongeblasen werden. Die Alten sahen den Weißdorn als Beschützer des Hauses an. Seine dornigen Zweige nagelten sie zum Schutz gegen Blitzschlag, Krankheit und böse Geister über Haustüren und Stalleingänge. Dornen und Stacheln zeigen im Pflanzenbrauchtum immer Abwehrmechanismen an.
Im Jahreskreis gilt der Weißdorn als Frühlingsbote. Die jungen Zweige schmücken im Frühling oder als Osterstrauß unsere Vasen und als wohlwollende Pflanze laden sie Feen und Elfen ein, im Haus zu verweilen. Schon in dieser Jahreszeit zeigt sich, welch wertvolle Pflanze der Weißdorn ist. Seine jungen Knospen und Triebe bereichern Salate und andere Speisen. Einem Brot mit Butter oder Frischkäse geben sie einen nussigen Geschmack und sie versorgen uns mit gesunden Pflanzenstoffen. In Essig oder Öl eingelegt schmecken sie ebenso gut. Die Knospen genieße ich frisch oder getrocknet.
In jeder Knospe des Weißdorns liegt als embryonales Gewebe der Bauplan für den nächsten Trieb der Pflanze. Das macht die Gemmotherapie, die

Medizin aus den Knospen, so spannend. Die Anwendungen wirken antioxidativ, vitalisierend, verjüngend und entzündungshemmend. Aus den Knospen des Weißdorns bereite ich eine Medizin für das Herz zu, die bei Ängsten, Bluthochdruck sowie niedrigem Blutdruck und Durchblutungsstörungen, aber auch bei Schilddrüsenüberfunktion angewendet werden kann. Im seelischen Bereich wirkt sie bei nervösen Störungen, depressiven Verstimmungen und Schlafproblemen.

Für ein **Gemmomazerat aus Weißdornknospen** benötigen Sie 1 Teil frische Weißdornknospen zur Zeit der Öffnung, 3 Teile gutes Wasser oder Quellwasser, 3 Teile Bio-Glyzerin (pflanzlicher Herkunft) und 3 Teile Alkohol (mindestens 70%ig, z. B. unvergällter Weingeist aus der Apotheke). Geben Sie die zerkleinerten Knospen mit den flüssigen Zutaten in ein Glas und stellen Sie das Glas dunkel. Nach 3 Wochen seihen Sie ab und füllen das Mazerat in dunkle Fläschchen. Bei Bedarf 3–5-mal täglich 10–15 Tropfen pur einnehmen und im Mund einspeicheln. Diese sanfte Medizin ist sogar für Kinder wie auch für Haustiere bestens geeignet.

Solche Gemmopräparate sind auch deshalb wertvoll, weil Sie nur wenig Pflanzenmaterial benötigen. Achten Sie bitte beim Sammeln immer darauf, die Rinde des Baumes nicht zu beschädigen.
Im Mai brechen dann die Blüten auf und übersäen die Weißdornzweige mit ihrer Pracht. Ich mag ihre besondere Schönheit, die sie mit den Blüten aller Rosengewächse teilen. Zuerst zeigen sie sich als weiße Perlen zwischen den glänzenden Blättern. Einige warme Sonnentage genügen, und die Kugeln brechen auf und werden zu einem Meer aus weißen Blüten, die beinahe alles Grün der Blätter überdecken. Wie fast alle Rosengewächse halten auch sie sich an die Regel, dass man irgendwo in ihnen die Zahl Fünf entdecken kann. Hier sind es die fünf weißen Blütenblätter und die fünf grünen Kelchblätter. Ein zauberhafter Anblick.
Was am blühenden Weißdorn sofort auffällt, ist der Duft. Manche Menschen nehmen ihn als unangenehm fischig wahr, andere beschreiben ihn als lieblich. Ich gehöre zu letzteren. Der Duft verstärkt sich beim Trocknen. Aber keine Sorge: Auch wenn Sie der Weißdornduft in den ersten Tassen Tee noch etwas an Fisch erinnert, nimmt man ihn nach wenigen Tagen kaum noch wahr. Unser Geruchssinn stellt sich schnell darauf ein.
Mit Beginn der Blütezeit im Mai ernte ich die Blüten und Blätter, die wie kleine Sträußchen am Busch wachsen. Sammeln Sie beide, bevor die Blüten ganz geöffnet sind, da sie leicht ausfallen. Später werden sie oft von Blattläusen befallen und fühlen sich klebrig an. Blüten und Blätter trockne ich und lagere sie gut verpackt für Tee oder Teemischungen. Die getrockneten Pflanzenteile halten sich circa 1–2 Jahre.

> Für einen **Weißdorntee**, der als Universalanwendung bei allen Herzerkrankungen gilt, benötigen Sie 1–2 TL getrocknete oder frische Weißdornblüten mit Blättern. Übergießen Sie mit 1 Tasse kochendem Wasser und lassen Sie den Tee abgedeckt für circa 7 Minuten ziehen. Trinken Sie 3-mal täglich 1 Tasse.

Bei anderen Teemischungen wird immer zu kurmäßigen Anwendungen von 4–6 Wochen geraten, beim Weißdorn verhält es sich etwas anders. Er beginnt erst nach etwa 6 Wochen optimal zu wirken. Aus diesem Grund soll er länger, durchaus über Jahre getrunken werden. Nebenwirkungen brauchen Sie nicht zu befürchten, ganz im Gegenteil. Oft höre ich, dass Menschen nach längerem Trinken des Tees weniger Gelenkprobleme haben. Die Ursache liegt möglicherweise in seiner entzündungshemmenden Wirkung.

Die wunderbare Heilwirkung des Weißdorns auf das Herz wurde erst zum Ende des 19. Jahrhunderts mit dem Beginn des industriellen Zeitalters entdeckt und genutzt. Dr. Thomas Green, ein Arzt und Homöopath, lobte den Weißdorn als Geheimmittel bei Herzkrankheiten. So begann der Siegeszug des Weißdorns als sanfte und doch unübertreffliche Herzmedizin. Viel früher wendete man ihn aber schon bei körperlichen Beschwerden als Heilpflanze an. Zunächst allerdings hauptsächlich bei Brustfellentzündung, Nierensteinen, Leibschmerzen und Ruhr.

Paracelsus (1493–1541) brachte ihn erstmals in seiner Signaturenlehre mit dem Herzen in Verbindung. Die Signaturenlehre schaute auf die Zeichen, auf die Signatur der Pflanze, und suchte nach Entsprechungen im menschlichen Körper. Paracelsus sah in den roten, runden Früchten eine

Ähnlichkeit zu unserem Herzen. Diese Erkenntnis wird durch die moderne Phytotherapie belegt. Der Weißdorn besitzt Flavonoide, die den Stoffwechsel des Herzmuskels positiv beeinflussen und seine Durchblutung fördern. Wie so oft bei den Naturheilmitteln ist auch hier erst die Gesamtheit der vielen unterschiedlichen Inhaltsstoffe für die gute Wirkung verantwortlich.

Der Weißdorn ist die beste Pflanze für unser Herz. Wenn wir das Herz als den Sitz unserer Seele betrachten, als den zentralen Punkt in unserem Körper, der Liebe und Kummer, Sorgen und Ängste erspürt und darauf reagiert, dann sehen wir auch den Zusammenhang. Es heißt doch in Krisenzeiten nicht umsonst: „Pass auf, dass dir dein Herz nicht bricht!" In diesem und noch vielen anderen Sprüchen schlägt sich die Verbindung zwischen Herz und Seelenleben auch in unserer Sprache nieder. Was macht uns großzügig und liebenswürdig? Ein weites, offenes – ein großes Herz. Wir „tragen ein Kind unter dem Herzen", wir „legen jemandem etwas ans Herz", unser „Herz schlägt vor Aufregung" oder es wird einem „schwer ums Herz". Das alles sagt man nicht nur so dahin. Wir wollen unsere Herzensangelegenheiten bewahren und mit einem guten Herzen durchs Leben gehen. Manchmal benötigt das Herz dafür Unterstützung, gerade dann, wenn ihm die Leichtigkeit verloren gegangen ist. Diese Unterstützung gibt uns keine andere Pflanze besser als der Weißdorn.

Heute weiß man, dass der Weißdorn die Durchblutung des Herzens fördert und so zum Beispiel Anfälle bei Angina pectoris vermindert. Der Weißdorn kräftigt Bereiche des Herzens, die für die Erhaltung der Kraftreserven sorgen. Er beeinflusst die Kalziumkonzentration positiv. Dabei wirkt der Weißdorn aber nicht schnell, ganz im Gegenteil. Weißdorntee oder andere Weißdornpräparate müssen langfristig und dauerhaft eingenommen werden, um wirkliche Erfolge zu erzielen. Die Natur hat Zeit und sie nutzt diesen Faktor.

Der Weißdorn wird bei Bluthochdruck ebenso empfohlen wie bei zu niedrigem Blutdruck, weil er ausgleichend wirkt. Er verbessert die Herzkraft in beide Richtungen. Gerade bei niedrigem Blutdruck, der sehr unangenehm sein kann, aber weniger gefährlich ist, hilft der Weißdorn gegen die bleierne Müdigkeit und die Antriebslosigkeit. Bei Rhythmusstörungen des Herzens gleicht er Extrasystolen aus. Er macht den Herzschlag wieder rhythmisch und hilft bei Herzstolpern oder Herzrasen. Bei langsamem Herzschlag (Bradykardie) und beim Altersherz unterstützt er das Herz. So ist der Weißdorn bei allen Herzerkrankungen eine unentbehrliche

Pflanze. Darüber hinaus hat er sich als guter Unterstützer in der Behandlung der Herzinsuffizienz gezeigt. Dabei kann der Muskel die erforderliche Pumpleistung nicht oder nur noch eingeschränkt erbringen. Die Patienten leiden unter zahlreichen Beschwerden wie schnelle Ermüdung, Luftnot oder geschwollenen Beinen und sind wenig belastbar. Hat ein Arzt die Diagnose gestellt, können Sie den Weißdorntee unterstützend trinken. Die regelmäßige Einnahme von Weißdornzubereitungen oder -präparaten erhöht die Lebensqualität erheblich und somit nimmt auch das psychische Wohlbefinden der Patienten deutlich zu. Sogar nach einem Herzinfarkt kann der Weißdorn als langfristige Therapie die Durchblutung von Herzmuskel und Herzkranzgefäßen fördern. Da keine Nebenwirkungen und Komplikationen mit anderen Medikamenten zu befürchten sind, steht einer längerfristigen Einnahme nichts entgegen.

In manchen Gegenden trägt der Weißdorn den Namen Schlafdorn. Dornröschen schläft 100 Jahre lang auf Rosen gebettet. Aber vielleicht waren es gar keine Rosen, vielleicht war es der Weißdorn aus der Familie der Rosengewächse? Auf jeden Fall hat sich gezeigt: Der Weißdorn wirkt bei Schlaflosigkeit und anderen Schlafproblemen sowie bei Unruhe als Heilsbringer. Wahrscheinlich reguliert er den Sympathikustonus und senkt die Ausschüttung von Stresshormonen. Ich stelle mir vor, dass man in alten Zeiten, als stachelige Weißdornhecken die Gehöfte umfriedeten, sicherer und ruhiger schlief. Wilde Tiere, böse Geister und Wegelagerer fanden nur schwerlich zutritt.

Aus dem Holz des Weißdorns wurden auch Spazierstöcke gefertigt, die man in Bayern „Haglstegga" nannte. Dieses Wort weist auf die magische Bedeutung des Stockes hin. Die „Hagazussa", die alte Hexe, die Zaunreiterin, die vor der Hecke ihr Unwesen trieb, konnte dem Träger des Stabs nichts anhaben. Dieser magische Schutzstab half gegen allerlei Unwesen und wenn man seine Hofgrenze verließ, schützte der Weißdornwanderstock auch außerhalb der Einfriedung. Das Holz des Weißdorns ist sehr hart und hat eine schöne Maserung, was es für besondere Drechselarbeiten sehr begehrt macht.

Aber zurück zu den hübschen Blüten. Aus ihnen stelle ich Oxymels her, eine alte, fast vergessene Form der Heilpflanzenzubereitung. Dazu nimmt man Honig mit Apfelessig und Kräutern gemischt ein. Solche Sauerhonige aktivieren den Darm, stärken das Immunsystem, wirken entgiftend, ausleitend, antibakteriell und basisch und außerdem schmecken sie auch noch gut.

Für ein **Frühlingsblüten-Oxymel** gebe ich 2 Teile flüssigen Honig mit 1 Teil Bio-Apfelessig in ein helles Glas. Sind beide Bestandteile gut vermischt, gebe ich 1 Teil zerkleinerte Blüten (Weißdorn, Wiesensalbei, Gundelrebe, Gänseblümchen, Löwenzahn und andere) dazu. Ich verschließe das Glas, stelle es für 2–3 Wochen auf eine helle, warme Fensterbank und schüttle täglich. Von dieser Zubereitung nehme ich morgens nüchtern 1–2 TL auf 1 Glas lauwarmes Wasser. Diese Oxymels können Sie außerdem als gesundes Salatdressing oder in der Küche verwenden. Soll es etwas süßer sein, geben Sie einfach mehr Honig zu.

Auch ein bekömmlicher, gesunder **Medizinalwein**, der das Altersherz unterstützt und ausgleichend wirkt, ist einfach angesetzt. Für diesen Wein geben Sie 1 EL Weißdornblüten, 7 Löwenzahnblüten, 1 Schafgarbenblüte, 3 Melissenblätter, etwas Zimt und ein wenig Honig in 1 Flasche Rotwein. Verschlossen lassen Sie den Wein für mindestens 2–3 Wochen warm ziehen. Seihen Sie dann ab und trinken bei Bedarf 2-mal täglich ein Likörgläschen. Soll der Wein länger haltbar sein, geben Sie 1–2 Schnapsgläschen 40%igen Alkohol dazu.

Wenn Frauen in den Wechseljahren über Herz- oder Kreislaufprobleme, Herzstolpern oder Herzrasen klagen, kann der Weißdorn ebenso natürliche Hilfe bringen. Diese Probleme müssen Sie unbedingt von einem Arzt oder Heilpraktiker abklären lassen. Mit dem Weißdorntee als Erste-Hilfe-Maßnahme können Sie aber trotzdem schon beginnen. Durch die veränderte hormonelle Situation ist der Weißdorn in Kombination mit anderen Kräutern auch hier zu empfehlen.

Für eine **Teemischung bei Wechseljahrs- und Herzproblemen** benötigen Sie 1 TL Weißdornblüten und -blätter, 1 TL Herzgespann (eine Pflanze, die besonders bei Rhythmusstörungen Einsatz findet) und 1 TL Melisse zur Beruhigung. Gießen Sie 1 TL dieser Mischung mit kochendem Wasser auf und lassen 7–10 Minuten ziehen. Trinken Sie regelmäßig 3-mal am Tag 1 Tasse. Sollten Sie unter starkem Schwitzen leiden, lassen Sie den Tee etwas abkühlen.

Für sanfte, feinstoffliche Einnahmen ist eine **Blütenessenz** gedacht. Geben Sie dafür Quellwasser in eine Glas- oder Kristallschale und dazu einige Blüten des Weißdorns. Stellen Sie die Schale mit dem Wasser und den Blüten für mindestens 3–4 Stunden in die Sonne. Diese muss die Mischung ununterbrochen bescheinen, nur so können die feinstofflichen Kräfte des Weißdorns in das Wasser übergehen. Anschließend nehmen Sie die Blüten vorsichtig aus dem Wasser und füllen ein kleines Fläschchen halbhoch mit der Essenz und den Rest zur Haltbarmachung mit Alkohol auf. Das ist Ihre Urtinktur. Zum Einnehmen reicht es aus, die Urtinktur zu verdünnen. Nehmen Sie ein neues Fläschchen, geben Sie zur Hälfte Quellwasser hinein und füllen Sie die andere Hälfte mit Alkohol auf. Nun kommt noch 1 Tropfen Ihrer Urtinktur (auf 10 ml Fassungsvermögen) hinzu.

Die Blütenessenz des Weißdorns empfehle ich Ihnen bei Beziehungsproblemen, Liebeskummer und emotionalem Stress. Sie hilft, Chaos zu entwirren, gibt Mut für Neues, bringt frische Gedanken und entspannt bei Überforderung. Nebenwirkungen gibt es bei den Blütenessenzen nicht, deshalb sind sie auch für Schwangere und Kinder gut anzuwenden. Aus diesem Grund ist so eine Essenz fester Bestandteil meiner Hausapotheke.
Bei allen Störungen, für die der Weißdorn eingesetzt wird, können Sie auch eine Tinktur verwenden. Sie ist mit einem Tee gleichzusetzen und manchmal einfach praktischer anzuwenden.

Solche **Herztropfen** stelle ich aus klein geschnittenen, frischen Weißdornblüten und -blättern her, die ich halbhoch in ein helles Glas fülle und für 3–4 Wochen mit 38%igem Alkohol einlege. Danach filtere ich durch ein Teesieb oder Mulltuch und fülle in dunkle Fläschchen ab. Von dieser Tinktur nehmen Sie bei Bedarf 1–3-mal täglich 10–15 Tropfen auf ein Glas Wasser ein.

Viele Menschen fühlen sich durch äußere Einflüsse erschöpft, leiden unter Ängsten, Unruhezustände, starker Überforderung und großem Stress. Nie war die Anzahl jener, die an Erschöpfungssyndrom, Burnout, chronischem Müdigkeitssyndrom oder psychischen Erkrankungen leiden, höher als jetzt. Ursachen dafür gibt es viele. Eine davon ist die nicht mehr vorhandene Verbindung zur Natur und ihren natürlichen Rhythmen. Nehmen wir neben guter und gesunder Lebensweise, einer ausgeglichenen Balance zwischen Anspannung und Entspannung, körperlicher Bewegung und gutem Essen zusätzlich Weißdorn ein, hilft alles das, unser Herz und den Blutkreislauf wieder in Fluss zu bringen. Ängste können überwunden werden, weil das Herz wieder Leben und Liebe spürt und selber geben kann. Der Weißdorn wirkt nicht nur auf der physischen Ebene auf das Herz, sondern auch auf der seelischen. So profitiert unser Herz auch bei Liebeskummer davon. Denn auch da leidet es.

Für eine **Teemischung bei Liebeskummer** oder anderem Herzweh mischen Sie 1 Teil Weißdornblüten und -blätter, 1 Teil Johanniskraut, 1 Teil Melisse und ½ Teil Rosenblüten und übergießen alle Zutaten mit 1 Tasse kochendem Wasser. Lassen Sie den Tee zugedeckt für 7–10 Minuten ziehen, seihen Sie ab und trinken ihn 3-mal täglich oder bei Bedarf.

Vorbeugend kann der Weißdorn durch seine Flavonoide (unter anderem Rutin, Hyperosid und Vitexin) die Blutgefäße schützen und den Kreislauf stabil halten. Er stärkt den Herzmuskel auch nach Infektionskrankheiten oder grippalen Erkrankungen sowie nach seelischem Stress und verbessert die Sauerstoffaufnahme.

Weißdorn gehört zu den sogenannten Einschleuserpflanzen. Wird trotz vollwertiger Ernährung der Körper nicht richtig mit Vitaminen, Mineralstoffen und Spurenelementen versorgt, hilft der Weißdorn mit seinen Wirkstoffen, besonders den Flavonoiden, dem Stoffwechsel auf die Sprünge. Zudem hat der Weißdorn antioxidative Wirkung. Er schützt bei längerer Einnahme (auch präventiv) vor Arteriosklerose, verbessert die Lebensqualität und steigert die seelische Toleranz. Im Weißdorn findet man eine Vielzahl an wichtigen und wohltuenden Stoffen, die im Zusammenspiel unser Wohlbefinden stärken können, ohne Nebenwirkungen hervorzurufen.

SOMMER

Im Sommer zeigt sich der Weißdorn als grüner Strauch oder Baum. An ihm wachsen und reifen nun die Weißdornbeeren heran. Die jungen Blätter können zum Sommeranfang noch für Tees gesammelt werden, später im Jahr werden sie zu hart dafür. Die jungen Blätter rauchte man früher auch als Tabakersatz.
Erst im Spätsommer reifen die Beeren als leuchtend roter Schmuck heran. In ihrem Innern ruhen ein oder zwei große Kernchen, je nach Weißdornart. Das Fruchtfleisch ist mehlig und nahezu geschmacklos. Da verwundert es nicht, dass die Beeren in Notzeiten als Mehlersatz fein gemahlen dem Mehl zum Brotbacken beigemischt wurden.

HERBST

Im zeitigen Herbst sind die Beeren rot und reif und können geerntet werden. Getrocknet nutze ich sie für Tee. Von der Kommission E wurden die Beeren nicht untersucht und haben daher keine Monografie erhalten. Aber ihre Wirkung auf das Herz ähnelt der von Blüten und Blättern. Für einen Herztee eignen sich Blüten und Blätter im Frühjahr besser, allerdings wirkt bei älteren Menschen ein Tee aus den Beeren kräftigend und beruhigend. Der Weißdorn darf in keiner Grippe- oder Erkältungsteemischung fehlen, da er einer Herzmuskelschwäche vorbeugen kann.

Für einen **Weißdornbeeren-Tee** geben Sie 1–2 TL Beeren in einen Topf mit 1 Tasse kaltem Wasser. Lassen Sie das Wasser aufkochen und für 15 Minuten ziehen. Danach seihen Sie ab. Trinken Sie 3-mal täglich 1 Tasse Tee.

Die Früchte des Weißdorns ergeben zusammen mit einigen anderen Wildfrüchten auch eine gute Mischung für einen Likör.

Um einen solchen **Wildbeerenlikör** zu bereiten, fülle ich Weißdornfrüchte, Hagebutten, Schlehen und Berberitzen halbhoch in ein großes, helles Glas und übergieße mit 38%igem Alkohol. Dann gebe ich etwas Honig und eine Spur Tonkabohne dazu und stelle den Ansatz warm. Nach 6 Wochen (besser länger) seihe ich alles ab, würze eventuell nach und genieße den Likör zur Weihnachtszeit. Die Gewürze können variieren, probieren Sie zum Beispiel Zimt, Vanille oder Ingwer. Der Winterlikör funkelt jedenfalls herrlich in Kristallgläsern bei Kerzenschein.

Der Herbst ist auch die Zeit für Neu- und Umpflanzungen von Gartensträuchern. Einen Weißdorn in den Garten zu holen ist eine gute Idee, zumal die Weißdornbeeren für Wildvögel eine schmackhafte Belohnung sind. Viele von ihnen schätzen die roten Energiebündel als Nahrungsquelle und Sie können sich am Kommen und Gehen der gefiederten Feinschmecker erfreuen. Allerdings ist es nicht ganz einfach, einen Weißdorn umzusetzen.

Junge Weißdornsträucher haben bereits sehr lange Wurzeln und lassen sich dadurch nur schwer verpflanzen.
Neben seinen wunderbaren Fähigkeiten im körperlichen Bereich ist der Weißdorn eine große Schutzpflanze. Wenn ich meinen alten Lieblingsweißdorn im Winter besuche, bin ich immer wieder erstaunt, wie sanft und gefällig seine Wuchsform ist. Von Weitem sieht er aus, als würde eine Glocke einen Meter über der Erde auf einem Stamm stehen. Er wächst allein auf einer sonnigen Anhöhe. Unter seinen dichten dornigen Zweigen

sieht man Tierspuren im Schnee und im Sommer heruntergetretene Gräser. Sicher suchen dort allerlei Tiere Schutz. Diese Zeichen nahmen natürlich auch unsere Vorfahren wahr und so trugen sie ein kleines Stück dieses magischen Schutzes am Körper, wie zum Beispiel Weißdornamulette oder Weißdornketten aus den Beeren oder aus dem Holz des Baumes. In moderner Zeit sind solche Praktiken nicht mehr gebräuchlich. Aber wieso holen wir uns solch überliefertes Wissen nicht in unsere heutige Zeit und fädeln uns eine Weißdornbeeren-Kette auf, die wir umhängen oder bei uns tragen können?

> Für eine **Weißdornbeeren-Kette** sammeln Sie die roten Beeren des Zweigriffligen Weißdorns, stechen mit einer Nadel durch die beiden Kerne hindurch und fädeln die Beeren auf einen starken Zwirn. Oder Sie trocknen ein paar der Beeren und geben sie in ein kleines Beutelchen. Babys legte man solche Schutzbeutelchen oder einige Beeren für einen guten Schlaf und einen behüteten Start ins Leben unter die Matratze.

Der Weißdorn galt seit jeher als Torwächterpflanze zu einer anderen Welt. So wurde er gerne als Schutzstrauch an heilige Quellen oder Brunnen gepflanzt. Aber auch als Orakel eignete er sich. Einem überlieferten keltisch-germanischen Brauch nach feiern wir am 4. Dezember den Tag der heiligen Barbara. An diesem Tag ist es Brauch, Barbarazweige zu brechen, um vorherzusagen, wie das nächste Jahr wird. Die Obstzweige dürfen nicht geschnitten, sondern müssen abgebrochen werden. Blühen sie nun in einer warmen Stube über Weihnachten, wird es ein gutes, fruchtbares und glückliches Jahr. Neben Obstgehölzen bricht man auch die Zweige von Schleh- oder Weißdorn.

Beim Räuchern der Blüten, Blätter, Beeren oder auch der Rinde kann der Weißdorn unser Herz öffnen und uns liebevoller in die Zukunft schauen lassen. Weißdornräucherungen lehren uns, wieder zu vertrauen. Sie sind eine wunderbare Zutat für Räuchermischungen in der Raunachtszeit. Mithilfe des Weißdorns kann ich die Zeit zwischen den Jahren entspannt genießen und blicke liebevoll und mit offenem Herzen in die Zukunft.

NACHWORT

Ich danke Ihnen, meine lieben Kräuterinteressierten, dass Sie mein Buch gelesen haben. Ich hoffe, Sie konnten viel Wissenswertes mitnehmen und haben die Lektüre genossen. Mein Ziel war es, Ihnen neun wichtige und kräftige Heilpflanzen näherzubringen, die alle direkt vor unserer Haustür wachsen, unsere Gesundheit unterstützen oder unseren Körper wieder ins Gleichgewicht bringen. Sie sind einfach zu erkennen und leicht anzuwenden. Das, worüber Sie in diesem Buch gelesen haben, erzähle ich auch den Teilnehmerinnen meiner Kräuterwanderungen und Kurse. Je nach Jahreszeit zeigen sich unsere Natur und die Heilkräuter anders. Und jedes Mal nutzt man die Kräuter auf besondere Weise, bereitet sie unterschiedlich auf, damit ihre vollen Kräfte sich entfalten. Wichtig war mir, die Pflanzen im Jahreskreis zu beschreiben, sodass Sie auch in Ihrer gewohnten Umgebung zum richtigen Zeitpunkt nach den Kräutern Ausschau halten und sie bestmöglich nutzen können. Ich frage mich aber immer, ob es mir möglich ist, eine Pflanze so genau zu beschreiben, wie es die Natur kann.

Nach meinen Kräuterwanderungen verbringe ich meist noch eine Weile für mich allein auf der Wiese. Ich genieße das Zwitschern der Vögel, lausche dem Brummen der Insekten und lasse mich vom Kräuterduft betören. Ganz oft gehen meine Gedanken in eine bestimmte Richtung. Ich überlege, warum gerade diese Pflanzen um uns herum wachsen. Natürlich hat das viele Ursachen. Aber diese wilden Neun findet man oft direkt an Häusern und in den Pflasteritzen vor der Tür. Es scheint fast so, als würden sie hinter uns herwachsen. Vielleicht ist es ja genau so. Möglicherweise gedeihen gerade die Pflanzen in unserer Nähe, die wir dringend benötigen. Nur so ist es möglich, einfache Erkrankungen selbst zu behandeln oder die Genesung zu unterstützen. Meist wachsen sie unscheinbar, aber direkt nebenan.

Oder wollen sie doch auf sich aufmerksam machen? Natürlich können wir heutzutage Heilkräuter aus den entferntesten Gegenden der Welt bekommen und anwenden. Den Ginseng zum Beispiel, einen wahren Meister der Gesundheit. Aber mit dem Löwenzahn haben wir unseren eigenen Ginseng. Er besitzt so viele positive Eigenschaften und wirkt so wohltuend auf unsere Gesundheit. Wofür brauchen wir dann überhaupt den Ginseng? Schon Paracelsus soll gesagt haben: „Jedem Lande wächst seine eigene Krankheit, seine eigene Arznei und sein eigener Arzt.“

Ich bin mir ganz sicher, dass die für uns bestimmten Heilmittel auch hier bei uns wachsen und wir für unsere Krankheiten unsere eigene Medizin besitzen. Deshalb können wir die Neun Wilden auch auf jeder Kräuterwanderung finden. Es sind Pflanzen, die das breite Spektrum unserer Krankheiten abdecken und jedem Organ etwas anbieten.
Wichtig ist, sich einzulassen auf die Natur. Schon das Hinausgehen und das Ausschauhalten nach den Pflanzen ist Medizin. Wir Menschen sind heute sehr entfremdet von Mutter Natur. Wir möchten uns schützen vor Verunreinigungen an den Pflanzen, wir wissen nicht, ob einfaches Waschen ausreicht oder nicht. Zecken und der Fuchsbandwurm können uns ebenso gefährlich werden. Natürlich sind solche Warnungen berechtigt, aber sie gehören in unser Leben wie Autos und Internet. Auch die können gefährlich sein. Die Angst vor der Natur ist unberechtigt. Wir leben in ihr und mit ihr. Besonders durch die Pflanzen sind wir zu dem geworden, was wir sind. Unsere Vorfahren haben sich über Jahrtausende von ihnen ernährt, haben ihre Erkrankungen damit behandelt und sie vielfach in anderer Form genutzt.
Wir müssen wieder lernen, mit der Natur zu leben und sie zu schützen. Deshalb ist mir der achtsame Umgang mit ihr besonders wichtig. Hier, wo ich lebe, herrschen gerade große Trockenheit, Waldbrände und Baumsterben. Bei mir im Harz gibt es fast keine Fichten mehr. Das Problem ist entstanden, weil der Mensch zu sehr in den natürlichen Rhythmus eingegriffen hat. Heute erleben wir die Folgen. Aber an allem Schlechten ist auch immer etwas Gutes. Unser Harzwald verändert sich gerade grundlegend. Durch das Fichtensterben kommt viel mehr Licht in die Wälder, die Qualität des Bodens verbessert sich und so können ganz andere, ganz neue Pflanzen wachsen, die eigentlich hierhergehören. Es bleibt also abzuwarten.
Mir war es wichtig, Ihnen mit diesem Buch einfache, aber wirkungsvolle Rezepte an die Hand zu geben. Wenn Sie meine Rezepte ausprobieren, nehmen Sie nur so viel aus der Natur, wie Sie gerade benötigen. Die Natur wird es Ihnen danken.
Ich gehe gerne immer wieder die gleichen Wege. Dort erkenne ich die gleichen Pflanzen und kann beobachten, wie schnell sie wachsen und sich verändern. Suchen Sie sich eine Pflanze aus, vielleicht finden Sie ein Exemplar, das Sie besonders anspricht. Setzen Sie sich zu ihr in die Natur und lassen sich auf sie ein. Schauen und hören Sie, was passiert. Vielleicht versuchen sie einmal, eine Pflanze zu zeichnen. Wie sind denn Blätter,

Blattrand oder Stängel geformt? Nur wenn man jeder Feinheit Beachtung schenkt, lernt man die Pflanze kennen und sie bleibt im Gedächtnis verankert. Hören Sie auch auf die Pflanzennamen. Sie sind wie ein uraltes Archiv und von den Volksnamen der Pflanzen kann man viel über deren Anwendung, Bedeutung oder Aussehen erfahren.
Lassen Sie sich wieder ein auf die Natur, auf ihre Schönheit und ihre Kraft. Gehen Sie mit offenen Augen durch die Welt. Schauen Sie, was zu Ihren Füßen wächst – und bleiben Sie neugierig!

Ich wünsche Ihnen, dass die Kräfte der Natur Ihnen wohlwollend beistehen.

Ihre
Simone Detto

SERVICE

ZUM WEITERLESEN

Bader, M. (2008): **Räuchern mit heimischen Kräutern**. Goldmann-Verlag, München.

Bächle-Helde, B., Bühring, U. (2019): **Heilsame Wickel und Auflagen**. Aus Heilpflanzen, **Quark & Co.** 2. Aufl. Verlag Eugen Ulmer, Stuttgart.

Beiser, R. (2020): **Öle, Cremes und Salben aus Heilpflanzen**. Wirksame Rezepturen selbst gemacht. Expertenwissen von Massageöl bis Wundsalbe. Verlag Eugen Ulmer, Stuttgart.

Beiser, R., Ell-Beiser, H. (2022): **Heilpflanzen-Tinkturen**. Wirksame Pflanzenauszüge selbst gemacht. Expertenwissen in über 70 Rezepten. 2. Aufl. Verlag Eugen Ulmer, Stuttgart.

Bühring, U. (2011): **Praxislehrbuch der modernen Heilpflanzenkunde**. Haug Verlag, Heidelberg.

Bühring, U. (2019): **Mein erster Heilpflanzen-Kurs**. Wissen und Rezepte für die Hausapotheke. Verlag Eugen Ulmer, Stuttgart.

Bühring, U. (2020): **Alles über Heilpflanzen**. Erkennen, anwenden und gesund bleiben. Verlag Eugen Ulmer, Stuttgart.

Fischer, H. (2004): **Frauenheilbuch**. Nymphenburger-Verlag, München.

Fischer-Rizzi, S. (1997): **Medizin der Erde**. Irisiana-Verlag, München.

Fischer-Rizzi, S (2001): **Blätter von Bäumen**. Heyne-Verlag, München.

Flach, G. (1984): **Aus meinem Rezeptschatzkästlein**. Hermann Bauer Verlag, Freiburg.

Fuchs, L. (1543): **Kreutterbuch**. Reprint (1975). Kölbl Verlag, Grünwald.

Genaust, H. (2005): **Etymologisches Wörterbuch der botanischen Pflanzennamen**. Nikol-Verlag, Hamburg.

Girsch, M. (2019): **Heilpflanzen-Tee**. Richtig sammeln, trocknen und mischen. Verlag Eugen Ulmer, Stuttgart.

Grappendorf, D. (2009): **Unterrichtsmaterialien „Löwenzahn“**.

Grappendorf, D. (2010): **Unterrichtsmaterialen „Schafgarbe“**.

Grappendorf, D. (2011): **Unterrichtsmaterialien „Brennnessel“**.

Grappendorf, D. (2012 a): **Unterrichtsmaterialien „Spitzwegerich“**.

Grappendorf, D. (2014): **Unterrichtsmaterial „Weißdorn"**.
Grappendorf, D. (2013): **Unterrichtsmaterial „Johanniskraut"**.
Greiner, K. (2020): **Meine Wildpflanzen-Apotheke**. 120 heilende Rezepte rund ums Jahr. 2. Aufl. Verlag Eugen Ulmer, Stuttgart.
Hirsch, S., Grünberger, F. (2012): **Die Kräuter in meinem Garten**. Freya Verlag, Engerwitzdorf.
Kremer, B. P. (2019): **Essbare und giftige Wildpflanzen**. Über 200 Kräuter, Beeren, Nüsse. 4. Aufl. Verlag Eugen Ulmer, Stuttgart.
Madejsky, M. (2000): **Alchemilla**. Goldmann-Verlag, München.
Madejsky, M. (2008): **Lexikon der Frauenkräuter**. AT-Verlag, Baden, München.
Lingg, A. (2016): **Bäume & die heilende Kraft des Waldes**. Kosmos Verlag, Stuttgart.
Ortegel, A., Beusch, G. (2017): **Unterrichtsmaterialien „Beifuß"**.
Ortegel, A., Beusch, G. (2017): **Unterrichtsmaterialien „Thymian"**.
Rätsch, C. (1998): **Heilkräuter der Antike**. Diederichs Verlag, München.
Rothmaler, W. (1988): **Exkursionsflora. Band 3**. Volk und Wissen, Berlin.
Rothmaler, W. (1992): **Exkursionsflora. Band 4**. Volk und Wissen, Berlin.
Schatalova, G. (2006): **Heilkräftige Ernährung**. Goldmann-Verlag, München.
Scherf, G. (2007): **Die geheimnisvolle Welt der Zauberpflanzen und Hexenkräuter**. blv Verlag, München.
Stern, C. (2018): **Gemmotherapie: Grundlagen-Indikationen-Behandlung**. Haug Verlag, Stuttgart.
Stern, C., Ell-Beiser, H. (2022): **Phytotherapie in Theorie und Praxis**. AT-Verlag, Aarau, München.
Stern, C., Ender, A. (1995): **Unsere Pflanzenwelt**. Deutsche Buchgemeinschaft, Berlin, Darmstadt.
Storl, W.-D. (2005): **Mit Pflanzen verbunden**. Kosmos Verlag, Stuttgart.
Storl, W.-D. (2007): **Borreliose natürlich heilen**. AT-Verlag, Baden, München.
Stumpf, U. (2003): **Kräuter für Körper und Seele**. VAK Verlag, Kirchzarten.
Treben, M. (1998): **Gesundheit aus der Apotheke Gottes**. Ennsthaler Verlag, Steyr.
Urbanovsky, C. (2010): **Der Garten der Druiden**. Ullstein Verlag, Berlin.
Weed, S. (2005): **Brustgesundheit**. Orlanda-Verlag, Berlin.

REGISTER

A

Absud 58
Amara aromatica 16
Anthocyane 59
Aphrodisiakum 134
ätherische Öle 16, 117
ätherische Öleinreibung 151
Aucubin 126
Auflage 53, 77
Augenbad 53
Augenwasser 98
Auszugsöl 151
Azulen 114, 117

B

Balsam 147
Barbarazweig 171
Beifuß 12
als Räucherpflanze 22
in der Astromedizin 21
in der Frauenheilkunde 19
Nebenwirkungen 12
Trocknen 17
zur Moxatherapie 23
Beifußblätter 13
Beifußblüten 16
Beifußgürtel 15
Beifußknospen 16, 22
Beifußrezepte Frühjahr
Frischkäsedip 13
Beifußrezepte Herbst
Fußöl 25
Kräuterkissen 25
Wurzelpulver 25
Wurzeltee 25
Beifußrezepte Sommer
Beifuß-Magenbitter 19
Beifußräucherung 23
Beifußsalz 16
Beifußtee 17
Beifußtinktur 18
Fußbad 20
Liebestee 21
Beifußwurzeln 24
Bitterstoffe 18, 87, 131
Bitterstoffpflanzen 16
Blutbildung 34
Blütenessenz 80, 166
Blutzuckerspiegel 40
Breitwegerich 124
Brennnessel 27
als Faserpflanze 44
als Raupenfutterpflanze 41
Brennhärchen 32, 33
Trocknen 39
Brennnesselblätter 38
Brennnesselrezepte Frühjahr
Ach-du-grüne-Neune-Suppe 34
Brennnesselsalz 31
Brennnesseltee 33
Brennnesselverreibung 35
Brennnesselwasser 37
Brennnesselwurzel-Essenz 38
Frischpflanzensaftkur 36
Frühlingssmoothie 31
Stärkungstinktur 30
Brennnesselrezepte Herbst
Brennnesselwurzel-Tee 46
Brennnesselwurzel-Tinktur 46
Brennnesselrezepte Sommer
Brennnesselsamen-Knäcke 43

Brennnesselsamen **43**
Brustbalsam **147**

C

Carotine **95**
Carotinoide **45**
Carvacrol **144**
Chlorophyll **33, 69**
Cineol **16**

D

Dampfinhalation bei Atemwegserkrankungen **149**
Diätgemüse **100**
Dickfrüchtiger Weißdorn **158**
durchspülende Teemischung **99**
Durchspülungstherapie **40**

E

Echter Thymian **140**
Eingriffliger Weißdorn **158**
Einschleuserpflanzen **167**
Entgiftung **15, 33, 40**
entzündungshemmende Auflage **53**
Erdkammersirup **132**
Essig **54**

F

Feldthymian **140**
Fiebersaft **59**
Flavonoide **71, 163**
Flohsamen **134**
Folsäure **33**
Frauenheilkunde **115**
Freya-Bettstroh-Kräuter **77, 115, 150**
Frischkäsedip **13**
Frischpflanzensaftkur **36**
Frischpresssaft **92**
Frühjahrskur **35, 91**
Frühjahrsmüdigkeit **87, 106**
Frühlingsblüten-Oxymel **165**
Frühlingssalat **125**
Frühlingssmoothie **31**
Fußbad **20**
Fußöl **25**

G

Gemmomazerat **160**
Gemmotherapie **38, 159**
Gerbstoffe **131**
Giftigkeit **92**
Gründonnerstag **34**

H

Harzer Würzmischung **153**
hautpflegende Holunderblüten-Salbe **54**
Herbsttagundnachtgleiche **24**
Herztropfen **167**
Hirschholunder **50**
Hollerküchlein **56**
Holunder **49**
  als Räucherpflanze **63**
  als Schwellenbaum **64**
  Giftigkeit **61**
  in der Kinderheilkunde **61**
  Trocknen **53**
Holunderbeeren **59**
Holunderblattknospen **52**
Holunderblüten **53**
Holunderrezepte Frühjahr
  Auflage **53**
  Augenbad **53**

hautpflegende Holunderblüten-Salbe 54
Hollerküchlein 56
Holunderblüten-Essenz 55
Holunderblüten-Essig 54
Holunderblüten-Limonade 56
Holunderblüten-Sirup 56
Holunderblüten-Tee 53
Holunderblüten-Zucker 57
Holunder-Gemmomazerat 52
Holunderrezepte Herbst
Fiebersaft 59
Holunderbeer-Medizinalwein 61
Räuchermischung 64
Holunderrezepte Sommer
Holunderblätter-Absud 58
Holunderschwamm 62
Honig 133, 144
Hustenöl 131
Hustensaft 146
Hyperforin 73, 75
Hypericin 71, 81

I

immunstärkende Pflanzen 33
Inhalation 118
mit ätherischem Öl 148
Interferone 133
Inulin 100

J

Johanniskraut 67
als Räucherpflanze 83
in der Astromedizin 72
in der Frauenheilkunde 77
in der Kinderheilkunde 71
Lichtempfindlichkeit 81
Nebenwirkungen 81
Trocknen 70
Wechselwirkungen mit der Pille 81
Johanniskrautblätter 69
Johanniskrautblüten 73
Johanniskrautrezepte Sommer
Blütenessenz 80
Johanniskrautauflage 77
Johanniskrautöl 73
Johanniskrauttee 71
Johanniskrauttinktur 79
Kräuterkissen 80
Rotölsalbe 77
Wochenbetttee 79
Jonhanniskrautrezepte Herbst
Räuchermischung 83
Judasohr 62

K

Kaltauszug 132
Kampher 16
Kieselsäure 131
Kommission E 12
Kräuterbutter 13
Kräuterkissen 25, 80, 152
Kräutersalz 106
Kräuterwickel 110, 152
Kräuterzucker 146
Kurztagespflanze 95

L

Leberwickel 111
Likör 96, 107, 169
Linalool 16, 148
Löwenzahn 85
als Diätgemüse 100
Frühjahrskur 91

Giftigkeit **92**
in der Küche **88**
Milchsaft **86, 92**
zur Entgiftung **92**
Löwenzahnblätter **89**
Löwenzahnknospen **88**
Löwenzahnrezepte Frühjahr
Frischpresssaft **92**
Löwenzahnblätter-Tee **89**
Löwenzahnblüten-Likör **96**
Löwenzahnknospen-Pfanne **88**
Löwenzahnoliven **88**
Löwenzahnsirup **95**
Löwenzahnstängel-Kur **93**
Löwenzahnwurzel-Tee **88**
Löwenzahnrezepte Herbst
Löwenzahnwein **100**
Wurzelkaffee **101**
Löwenzahnrezepte Sommer
Augenwasser **98**
durchspülende Teemischung **99**
Löwenzahnblätter-Tinktur **96**
Spülung bei Haarausfall **99**
Wasserstoßtherapie **99**
Löwenzahnstängel **93**
Löwenzahnwurzeln **87, 100**

M
Magenbitter **19**
Maria-Bettstroh-Kräuter **77, 115, 150**
Medizinalwein **165**
Merkurpflanzen **131**
Milchsaft **86, 92**
Mittlerer Wegerich **124**
Mondpflanzen **54**
Moxatherapie **23**

N
Neunkräutersegen **11, 123, 126**

O
Orakelpflanzen **171**
Osterstrauß **159**
Oxymel **165**

P
Pantothensäure **33**
Phytohormone **46, 116**

Q
Quendel **140**

R
Räuchermischung **64, 83**
Räuchern **154**
Raunächte **64**
Rotöl **73**
Rotölsalbe **77**
Rutin **71**

S
Salbe **54, 77, 112, 129**
Sambucin **59**
Sandthymian **140**
Saponine **145**
Schafgarbe **103**
als Räucherpflanze **121**
in der Frauenheilkunde **115**
Trocknen **109**
zur Entgiftung **110**
Schafgarbenblätter **105**
Schafgarbenblüten **118**

Schafgarbenrezepte Frühjahr
Schafgarbenblättchen mit Parmesan 106
Wiesen-Zitronenlikör 107
würziges Kräutersalz 106
Schafgarbenrezepte Sommer
Inhalation 118
Schafgarbenbad 113
Schafgarben-Kräutersäckchen 115
Schafgarben-Leberwickel 111
Schafgarbenöl 113
Schafgarbensalbe 112
Schafgarbensitzbad 110
Schafgarbentee 110
Schafgarbenwein 118
Schafgarbenwurzeln 119
Schleimstoffe 131, 132, 134
Schwarzer Holunder 50
Schwellenbaum 64
Selbstheilungskräfte 133
Signaturenlehre 74, 162
Sirup 56, 95, 132
Sommersonnenwende 15
Sonnenpflanze 70, 72
Spitzwegerich 123
als Zauberpflanze 134
in der Astromedizin 131
Trocknen 126
Spitzwegerichblätter 125
Spitzwegerichknospen 126
Spitzwegerichrezepte Frühjahr
Frühlingssalat 125
Spitzwegerichrezepte Sommer
Erdkammersirup 132
Hustenöl 131
Kaltauszug 132
Spitzwegerichblätter-Tee 129
Spitzwegerichhonig 133
Spitzwegerichöl 128
Spitzwegerichsalbe 129
Spitzwegerichtinktur 128
Spitzwegerichwurzeln 137
Spülung bei Haarausfall 99
Stärkungstinktur 30
Superfood 33

T

Taraxin 87
Tee 17, 21, 25, 33, 46, 53, 79, 88, 89, 99, 110, 129, 144, 147, 161, 166, 167, 168
Teemischung bei Keuchhusten 147
Teemischung bei Liebeskummer 167
Teemischung bei Wechseljahrs- und Herzproblemen 166
Thymian 139
als Räucherpflanze 154
ätherische Öle 144, 151
ätherisches Öl 148
Dosierung 154
in der Frauenheilkunde 150
in der Küche 153
Trocknen 144
Thymianrezepte Herbst
Thymian-Räuchermischung 155
Thymianrezepte Sommer
ätherische Öleinreibung 151
Brustbalsam 147
Dampfinhalation 149
Harzer Würzmischung 153
Inhalation mit ätherischem Öl 148
Kräuterkissen 152

Kräuterzucker **146**
sanftes Auszugsöl **151**
Teemischung bei Keuchhusten **147**
Thymianbad **147**
Thymianhonig **144**
Thymian-Hustensaft **146**
Thymiantee **144**
Thymiantinktur **149**
Thymianwickel **152**
Zahnpulver **148**
Thymol **144**
Tinktur **18, 30, 46, 79, 96, 128, 149**
Tocopherol **41**
Torwächterpflanzen **171**
Toxalbumin **32**
traditionelle chinesische Medizin (TCM) **23**

U

Übersäuerung **90**

V

venusische Pflanzen **21, 149**
Verjüngungsvitamin **33**

W

Wasserstoßtherapie **99**
Weißdorn **157**
als Herzmedizin **162**
als Räucherpflanze **171**
als Schutzpflanze **170**
Weißdornbeeren **168**
Weißdornbeeren-Tee **168**
Weißdornblätter **168**
Weißdornblüten **161**
Weißdornholz **165**
Weißdornknospen **159**
Weißdornrezepte Frühjahr
Blütenessenz **166**
Frühlingsblüten-Oxymel **165**
Gemmomazerat **160**
Herztropfen **167**
Medizinalwein **165**
Teemischung bei Liebeskummer **167**
Teemischung bei Wechseljahrs- und Herzproblemen **166**
Weißdorntee **161**
Weißdornrezepte Herbst
Weißdornbeeren-Kette **171**
Weißdornbeeren-Tee **168**
Wildbeerenlikör **169**
Wermut **18**
Wiesen-Zitronenlikör **107**
Wildbeerenlikör **169**
Winterlikör **169**
Wochenbetttee **79**
Wundkraut **74**
Wurzelkaffee **101**
Wurzelpulver **25**
Wurzeltee **25**

Z

Zahnpulver **148**
Zauberwurzeln **137**
Zweigriffliger Weißdorn **158**
Zwergholunder **50**

DANK

Mein ganz besonderer Dank geht an meine treue Lehrerin und Freundin Doris Grappendorf. Wenn ich Fragen hatte oder Korrekturen zu erledigen waren: Auf Doris ist immer Verlass. Sofort am nächsten Tag war die Arbeit erledigt – danke dafür!

Von ganzem Herzen danke ich allen meinen Lehrerinnen und Lehrern, die ihr Wissen mit mir geteilt haben. Sie haben mich über viele Jahre begleitet und mich viel gelehrt. Immer wieder war ich im Laufe der letzten 20 Jahre in den Bergen, in Wäldern und auf Wiesen unterwegs und habe ganz besondere Menschen getroffen. Das war ein unbeschreibliches Glück. Sie hatten alle ein großes Ziel: die Natur zu nutzen und sie gerade deshalb zu schützen. Sie alle haben mein Herz berührt und mir die Augen geöffnet.

Ebenso danke ich meinen Schülerinnen und Schülern der letzten zwei Jahrzehnte. Wären eure Fragen versiegt, hätte ich mich nicht auf die Suche nach Antworten begeben müssen.

Ich bedanke mich sehr herzlich bei Ina Vetter vom Verlag Eugen Ulmer für ihre Mühe, ein ganz besonderes Buch aus meinem Manuskript zu machen. Dem Fotografen Frank Hecker danke ich für die schönen, detailreichen Aufnahmen – sie sind großartig. Ulf Müller bin ich dankbar für die schöne Wortwahl beim Lektorat – herzlichen Dank.

Meine Familie hat meine Arbeit immer wieder gefördert und nach Kräften unterstützt – womöglich wäre ohne den Bauernhof ein anderer Mensch aus mir geworden.

Zu guter Letzt geht mein Dank an meinen geliebten Mann. Er hat viele Stunden auf mich verzichten müssen, aber mich immer wieder durch seine ermunternden Worte unterstützt. Du bist ein Schatz!

DIE AUTORINNEN

Simone Detto wurde am Rand der Harzer Berge geboren. Schon sehr früh erwachte in ihr das Interesse an der Natur. Als kleines Mädchen streifte sie mit ihrem Vater über die angrenzenden Wiesen und durch die Wälder. Von ihm lernte sie viel über die Pflanzen der Wiesen und Wälder und über die Tiere. Simone Detto bildete sich in Phytotherapie, altem Heilpflanzenwissen, Naturheilkunde und Destillierkunst weiter. Die Natur war dabei stets ihre begleitende Lehrmeisterin. Im Jahre 2000 gründete sie am Harzrand die Kräuterschule Simone Schalk, in der sie bis heute arbeitet.
www.diekraeuterfrau.de

Doris Grappendorf arbeitet seit vierzig Jahren mit Heilpflanzen. Nach Ausbildung beziehungsweise Studium zur Arzthelferin, Diplom-Biologin, Heilpraktikerin und Pflanzenheilkundlerin (Phytotherapeutin) eröffnete sie 1999 eine Heilpflanzenschule sowie ein Jahr später einen Kräuterladen. Doris Grappendorf arbeitete 14 Jahre lang als Kräuterfrau. Aufgrund einer Erkrankung musste sie diese Tätigkeit aufgeben, lebt nun zurückgezogen in einem Häuschen auf dem Lande und schreibt Kräuterbücher, um auf diese Weise Menschen und die Pflanzen wieder näher zueinander zu führen.
www.dorisgrappendorf.de

BILDQUELLEN

Titelfoto: Heike Schmidt-Röger
Fotos im Innenteil: Naturfoto Frank Hecker, mit Ausnahme der folgenden:
Bellmann, Heiko/Naturfoto Frank Hecker: S. 32 und 162
Detto, Harald: S. 187 oben
Saalbach, Andrea: S. 187 unten
Icons: Antje Warnecke, nordendesign.de

IMPRESSUM

Die in diesem Buch enthaltenen Empfehlungen und Angaben sind von den Autorinnen mit größter Sorgfalt zusammengestellt und geprüft worden. Eine Garantie für die Richtigkeit der Angaben kann aber nicht gegeben werden. Autorinnen und Verlag übernehmen keine Haftung für Schäden und Unfälle. Bitte setzen Sie bei der Anwendung der in diesem Buch enthaltenen Empfehlungen Ihr persönliches Urteilsvermögen ein.
Der Verlag Eugen Ulmer ist nicht verantwortlich für die Inhalte der im Buch genannten Websites.

Anmerkung des Verlags zur Schreibweise (Gendering): Gendergerechtigkeit und Inklusion sind bei uns gelebte Praxis – bei der Auswahl unserer Themen, bei der Recherchearbeit, in der Gestaltung. Unsere Texte meinen alle. Damit unsere Inhalte jedoch gut lesbar bleiben, verzichten wir in diesem Werk auf die jeweilige Mehrfachnennung oder Anpassung der Schreibweise bestimmter Bezeichnungen an die weibliche, männliche oder diverse Form.

Bibliografische Information der Deutschen Nationalbibliothek
Die Deutsche Nationalbibliothek verzeichnet diese Publikation in der Deutschen Nationalbibliografie; detaillierte bibliografische Daten sind im Internet über http://dnb.d-nb.de abrufbar.

Wollgrasweg 41, 70599 Stuttgart (Hohenheim)
E-Mail: info@ulmer.de
Internet: www.ulmer-verlag.de
Projektleitung: Ina Vetter
Lektorat: Ulf Müller, Wuppertal
Herstellung: Stephanie Haun
Umschlaggestaltung und Innenlayout: Antje Warnecke, nordendesign.de
Satz: r&p digitale medien, Echterdingen
Repro: time:ray, Jettingen
Druck und Bindung: Pustet, Regensburg
Printed in Germany

MIX
Papier | Fördert gute Waldnutzung
FSC® C014889
www.fsc.org

ISBN 978-3-8186-1455-3

HEILENDE KRÄUTERTEES

Die Heilpraktikerin und Heilpflanzenexpertin Michaela Girsch erklärt in diesem Buch alles über heilende Kräutertees. Herzstück des Ratgebers ist der ausführliche Rezeptteil mit über 70 Kräuterteemischungen gegen die wichtigsten Alltagsbeschwerden, von Magen-Darm und Erkältung über Kopfschmerzen und Hautprobleme bis Herz und Kreislauf. Sie erfahren, wie Sie Heilpflanzen richtig sammeln und schonend trocknen oder wie Sie beim Einkauf die beste Qualität finden. Lernen Sie hier, wie Sie optimale Mischungen herstellen, wirkungsvoll zubereiten und richtig anwenden. Porträts von 47 bewährten Heilpflanzen aus Natur und Garten liefern zusätzliches Wissen rund um wirkungsvolle Kräutertees.

Heilpflanzen-Tee. Richtig sammeln, trocknen und mischen. M. Girsch. 2019.
160 Seiten, 101 Farbfotos, Klappenbroschur. ISBN 978-3-8186-0374-8.

KRAFT AUS DER ERDE

Baldrian und Beinwell, Blutwurz und Engelwurz, Alant und Karde, Bärwurz und Nelkenwurz - all diese Heilkräuter und noch viele mehr haben heilkräftige Wurzeln, die Sie ernten und nutzen können. Wie das geht, erfahren Sie in diesem Buch. Kräuterfrau Simone Schalk erklärt Schritt für Schritt, wie Sie aus den heilkräftigen Wurzeln Tee, Tinkturen, Wein, Heilöl, Salbe und Mischungen zum Räuchern herstellen.
Extra: Gesunde und feine vegetarische Rezepte zum Genießen aus Wurzeln von Heilpflanzen und alten Gemüsesorten. Mit einem Vorwort von Susanne Fischer-Rizzi.

Die Kraft der Wurzeln. Verborgene Schätze unserer Heilpflanzen. S. Schalk. 2016.
144 Seiten, 77 Farbfotos, Klappenbroschur. ISBN 978-3-8001-0807-7.

WILDE KRAFTPAKETE

Die Samen vieler unserer essbaren Wildpflanzen sind besonders schmackhaft und voller Vitalstoffe – es sind wahre Powerpakete! Sie können Wildsamen vielseitig nutzen: als wertvolle Nahrungsergänzung, als Speisenzugabe, zum Würzen, für die Senfherstellung, für Mehl und Kaffee, für Speiseöl und Keimlinge. Mit 44 Porträts von Pflanzen, die uns ihre Wildsamen schenken, inklusive Standort, Reifezeit, Ernte und Verwendung. Besonders ideenreich und fein sind die über 50 Rezepte: süß und salzig, einfach und raffiniert, gesund und richtig lecker.

Essbare Wildsamen. Finden, sammeln, vielseitig genießen. A. Höller, D. Grappendorf. 2019. 144 Seiten, 100 Farbfotos, Klappenbroschur. ISBN 978-3-8186-0648-0.